U0670148

THE LEGEND OF
AIRCRAFT CARRIERS

航母传奇

扬新　李宏　张国力　编著

山西出版传媒集团
山西教育出版社

图书在版编目（ＣＩＰ）数据

航母传奇/张国力等编著. —太原：山西教育出版社，2016.3
（2022.6 重印）
ISBN　978-7-5440-8318-8

Ⅰ．①航…　Ⅱ．①张…　Ⅲ．①航空母舰-世界-青少年读
物　Ⅳ．①E925.671-49

中国版本图书馆 CIP 数据核字（2016）第 047709 号

HANGMU CHUANQI
航母传奇

责任编辑	彭琼梅	
复　审	李梦燕	
终　审	郭志强	
装帧设计	薛　菲	
印装监制	蔡　洁	

出版发行　山西出版传媒集团·山西教育出版社
（太原市水西门街馒头巷 7 号　电话：0351-4729801　邮编：030002）

印　装	北京一鑫印务有限责任公司
开　本	890×1240　1/32
印　张	6.5
字　数	138 千字
版　次	2016 年 3 月第 1 版　2022 年 6 月第 3 次印刷
印　数	6 001-9 000 册
书　号	ISBN　978-7-5440-8318-8
定　价	39.00 元

如发现印装质量问题，影响阅读，请与印刷厂联系调换。电话：010-61424266

目　录

一 航母登场

01   伊利冒险的启示

◇·······

　　尤金·伊利在美国"伯明翰"号轻巡洋舰和"宾夕法尼亚"号重巡洋舰上完成了世界首次着舰和起飞的试验，为海上霸主航空母舰的诞生奠定了基础。

　　1910 年 11 月 14 日，美国东海岸的一个城市中，人们争先恐后地涌向海边，去观看冒险家尤金·伊利的一项冒险表演。

　　海湾中，停泊着一艘美国轻巡洋舰"伯明翰"号。在这艘军舰的甲板上，铺设了一条 25.3 米长的木制跑道，这条跑道从巡洋舰的舰桥开始，平缓地向前甲板倾斜、延伸。在舰首跑道的起端，停放着一架 60 马力的单人双翼飞机——"金鸟"号，冒险家尤金·

伊利正在飞机旁微笑着向人们招手致意。

"伯明翰"号轻巡洋舰上一片忙碌，舰员们正在做最后的准备工作。冒险家伊利的表演实际上也是一次划时代的试验：飞机能否在军舰上起飞和降落？

尤金·伊利

在附近观看的人们都感到既惊奇又刺激，他们为驾驶员伊利捏了一把汗，大家都屏住呼吸，目不转睛地盯着那架即将起飞的飞机。

本来试验应该在军舰逆风航行时进行，以加大飞机相对于空气的速度，这样便于起飞，但天有不测风云，在表演时突然刮起了狂风，乌云遮住了天空，不久大雨就从天而降，雨中还夹着阵阵的冰雹，能见度下降到几乎为零的程度。这时，伊利望了望天空，毅然决定，一定要完成舰上起飞。

伊利驾驶着"金鸟"号开始在跑道上滑行，速度越来越快，当飞机滑行完 25.3 米长的跑道时，仍未能达到应有的起飞速度，因此，当飞机刚一离开飞行甲板，就因为机翼的升力不足而越飞越低，机头径直向舰尾的海中冲去时，人们惊叫起来，以为一场坠海灾难将要发生了。然而，就在飞机向海中冲去时，伊利沉着地操纵飞机，终于在将要机毁人亡的一刹那将飞机拉了起来。雨仍然下着，伊利驾驶着飞机在海面上飞行了几千米后返回，"金鸟"号在人群上空绕行三圈后，平稳降落在附近的一个广场上。直到这时，观看的人群才长出了一口气，人群中爆发出热烈的掌声和欢呼声。"飞机上舰，世界首飞"的荣誉终于归于美国海军了。

两个月后，尤金·伊利决定进行更大的冒险，他要表演驾驶飞机在军舰上实现降落。

1911 年 1 月 18 日，在旧金山海湾，停泊着一艘重巡洋舰"宾夕法尼亚"号，最终决定飞机上舰是否可行的飞机着舰试验，将在这里举行。因为飞机降落时必须滑行很长的距离才能停住，为了使飞机在军舰不长的跑道上能很快地停下来，在"宾夕法尼亚"号重巡洋舰的甲板上铺设了一条 36.58 米长的木制跑道，这条跑道从巡洋舰的主桅杆下面一直延伸到舰体之外。

在跑道上每隔一定距离就设置一根两端拴有沉重沙袋的绳索，

共设置了 22 根。这实际上就是最原始的飞机着舰的"拦阻索"。当飞机着舰时，机身下面装有一个特制的钩子，它会钩住这一道道的"拦阻索"，在拖着一个个沉重的沙袋继续向前滑行时，飞机着舰的速度就会急剧下降，从而有可能在滑行距离非常有限的跑道上完成着舰。因为这是有史以来的第一次飞机着舰，拦阻装置到底有多大把握还不清楚，于是在飞行甲板的尽头还设置了一个用巨大的帆布做成的斜坡屏障。

这次试飞仍然选用"金鸟"号飞机。但这架"金鸟"号飞机已经进行了多项改进，不但加大了翼展，在机翼的下面还装配了两个浮筒，以保证如出现意外情况，在海上迫降时飞机能够漂浮在水面上不致沉没。

为了能使飞机在着舰时具有最小的相对速度，因此决定试验在军舰航行时进行，这样，着舰的飞机就可以利用逆风的风速，使着舰试验成功具有了更大的保险系数。

但是，这一天天公仍然不作美，天气条件十分差，风浪也很大，"宾夕法尼亚"号的舰长认为，在这样恶劣的天气无法进行安全的机动，所以临时决定让军舰抛锚，只是让舰尾朝向迎风的方向。舰长的这一临时决定，给伊利带来了更大的着舰难度和风险，但伊利对此一无所知。

伊利驾驶着"金鸟"号飞过来了，只见他慢慢降低飞行高度，操纵着飞机从舰尾着舰，飞机在跑道上高速滑行时，机身下面的钩子紧紧钩住几道绳索，拖着沉重的沙袋向前滑去。因阻力很大，飞机的滑行速度很快慢了下来。滑不多远，飞机就停了下来。伊利成功了！人们热烈的欢呼声立刻从"宾夕法尼亚"号重巡洋舰、从附近的舰艇上、从海岸边的人群之中迸发出来，舰艇汽笛长鸣。

当伊利迈出他的"金鸟"号飞机时，第一个迎上去的是他的妻子梅布尔，她是作为舰长庞德海军上校的客人来到这艘巡洋舰的。两个月前，她曾在一艘驱逐舰上观看过伊利驾驶飞机从"伯明翰"号轻巡洋舰上起飞。梅布尔激动地冲到伊利的怀里，大声地说："我知道你会成功的！"很少感情外露的庞德舰长，紧紧地握住伊利的手，说："自从这个宝贝飞上军舰以来，这次降落是最重要的！"庞德舰长陪着伊利和妻子梅布尔向舰长休息室走去时，对甲板执勤官勒基说："勒基先生，我想知道这架飞机什么时候能够重新就位做好起飞准备。"

重新就位（Ready to launch）这个词，后来成为美军航母飞机做好起飞准备的标准用语。

紧接着，在一小时后，尤金·伊利再次驾驶飞机从"宾夕法尼亚"号上起飞，并安全降落在附近的海岸上。这是一次完美的起飞和降落，它是航空母舰发展史上的里程碑。不仅证明飞机完全可以在军舰上起飞和降落并执行战斗任务，也预示着不久的将来作为海空霸主的航空母舰，即将走上属于它的历史舞台。

在这次试验之后，发生了一件令人悲痛和遗憾的事。1911年10月19日，尤金·伊利在一次意外的事故中不幸丧生。当时，美国海军部除了给他一封感谢信以外，没有给他任何报酬。25年后，尤金·伊利为海军所做出的重大贡献才被认可，美国国会追授尤金·伊利一枚飞行十字勋章。

02 航母"世界第一"桂冠争夺战

◇ ....

历史上第一艘真正意义上的航空母舰"暴怒"号几经改造，尽管在建造第二代"血统纯正"的航母时，日本捷足先登，但英国"竞技神"号航空母舰却成了现代航空母舰的标准样板。

自从莱特兄弟发明飞机以来，人类进入了航空时代。飞机很快成为陆战武器，那么飞机是否也能够成为海战武器呢？

美国一些富有想象力的人，提出了让飞机从一艘战列舰上起飞的大胆设想，但也仅仅是设想而已。这时，一则偶然的新闻报道，却使美国海军的态度发生了重大变化。这则报道说，德国人正在研究进行一场试验，准备让一架携带邮件的飞机，从一艘由德国汉堡驶往美国纽约的德国邮船的前甲板平台上起飞，以加快向纽约投递邮件的速度。

这则消息刺激了美国，德国是否在研究攻击美国的新战术呢？于是，美国立即组织了飞机在军舰上起飞和降落的试验。

在美国海军进行舰载飞机试验的同时，英国开始了航空母舰的研究。1917年3月，英国海军决定将一艘正在建造的大型巡洋舰"暴怒"号改建成一艘航空母舰。"暴怒"号的前主炮被拆除，在舰体的前半部加装了69.5米长的飞行甲板，铺设了木制的飞行跑道。

英国"暴怒"号航空母舰

但"暴怒"号仍然保留了后炮塔，这就使得改装后的"暴怒"号航空母舰同时拥有飞机和大炮，当时，还没有人能够考虑到大炮对于航母究竟会造成什么样的影响。

当时的飞机都比较轻，利用逆风起飞很容易。早在1914年，三架"索普威斯"807式水上侦察机就从英国"皇家方舟"号战列舰上起飞成功。但在此后整整三年的时间里，没人敢驾机在军舰上降落，因为那时的飞机母舰上甲板中央还矗立着高高的塔式桅杆和烟囱，几乎没有给飞机降落留下空间。设计上的不足使飞机着舰成了飞行员的禁区。

三年之后，挑战禁区的人出现了，他就是海军少校欧内斯特·邓宁。邓宁少校是英国海军"暴怒"号航母上的海军航空兵指挥官，领导着14名军官和70名水兵。飞行技艺高超的邓宁是个不甘平凡的人。他决心突破飞机着舰的禁区。他的着舰构想说起来也很简单：在航空母舰后甲板上降落，利用烟囱和舰桥岛式建筑一侧的狭窄空间侧滑，进入航空母舰前部69.5米长的飞行甲板，这样就可以大大延伸降落滑行的长度，使舰上降落成为可能。

1917年8月2日，邓宁少校决心把他的构想付诸实施。这天，地勤人员精心检修了邓宁少校的"幼犬"式战斗机，并在机翼后面特别安装了几个环套。可别小看这几个不起眼的东西，它们可是地勤人员绞尽脑汁想出来的安全装置，一旦飞机降落在甲板上停不下来，可以试着抓住环套把它拽住。现在说起来也许觉得有些可笑，但这是当时人们所能采取的唯一的保护措施。

当时，英国海军专门安排了7名地勤人员在甲板上为飞机保驾。他们的工作就是在飞机降落时，抓住机翼下面的环套，将飞机拽住，然后在飞行员关闭发动机后，让飞机停在甲板上。

这次试飞很顺利，轻盈的"幼犬"在空中绕了几个圈子，进入了降落航线。甲板上的人们屏住了呼吸：成败，甚至生死都在此一举！"幼犬"的机轮几乎分毫不差地按照预想降落在了"暴怒"号后甲板上。邓宁少校娴熟地操纵着飞机，侧身滑过甲板中央的烟囱和舰桥岛式建筑，并顺利进入前甲板的木制飞行跑道。观看的人们稍稍松了口气，邓宁少校总算完好无损地着舰了。所有人的目光都追随着滑行的飞机移动，负责保护的几个地勤人员开始移动他们的脚步。飞机滑行的速度虽然不快，但由于没有机轮制动系统，近70米的跑道估计是不够用的！就在"幼犬"即将滑出跑道的一瞬间，几名大汉死死地抓住了机翼后的环套。谢天谢地，它总算停下来了，着舰成功了，但是没有人欢呼，这种着舰方式太危险了！

邓宁在"暴怒"号航母上降落

不过，邓宁少校不在乎危险不危险，飞机能在甲板上降落第一次，就能降落第二次。这一次，他告诉甲板上的保驾人员，在飞机没有降落在甲板上之前不要拽住飞机，结果他取得了成功。

5天后，邓宁少校又一次驾机升空，但这一次，上帝没有眷顾他。飞机降落时发动机熄火，一个机轮撞在飞行甲板上，整个飞机翻出军舰右舷落入了大海。邓宁少校被挤在飞机残骸中溺水身亡。

邓宁少校用鲜血把"暴怒"号送回了船厂。根据邓宁少校用生命换来的宝贵经验，海军对它进行了两处大的改装。一是拆除后部炮塔，改装成长86.6米、宽21.3米的降落甲板，从烟囱和舰桥岛式建筑后部一直延伸到舰艉。二是安装降落拦阻装置，该装置由横向和纵向拦阻索组成，稍高于甲板。与之配套，飞机轮子被滑橇代替，上面装有挂钩用于钩住拦阻索。另外，还在跑道尽头安上了一道拦阻网作为终极保护措施，防止没有钩住拦阻索的飞机撞到前面的舰桥岛式建筑。这样，"暴怒"号以舰体中部的舰桥岛式建筑为界，前部飞行甲板上的跑道供飞机起飞用，后部飞行甲板上的跑道供飞机降落用。改装后的"暴怒"号，飞机可以互不干扰地同时进行起降作业，搭载飞机的数量也增加到16～20架。

可这些措施还是不能保证飞机的安全降落，追根溯源，还是甲板中央的舰桥岛式建筑的问题。在航行的军舰上，这些高大的舰桥岛式建筑会干扰气流，形成涡流和侧风，有时还会严重影响飞机的降落。多次飞机降落试验都因为这些涡流和侧风失败了。

继"暴怒"号后，英国人开始了"百眼巨人"号航空母舰的改建工程。"百眼巨人"号原名"卡吉士"号，是英国造船商为意大利建造的一艘客轮，但开工不久即被英国海军买下，准备改建成航空母舰。改建过程中最大的难题就是如何消除甲板上的涡流和侧风。为此，英国的造船专家一筹莫展，几个月过去了仍毫无头绪。正当改建工程难以进行下去时，一位海军军官脑中突然灵光一闪，提出了一个奇妙的方案。这位军官可能自己都没有想到，他瞬间的灵光闪动居然创造了现代航母的标准样板。

　　这位没有什么造船知识的海军军官的想法其实很简单：既然甲板中央的舰桥岛式建筑、桅杆和烟囱碍事，干脆把它们移到一边好了。按照他的设想，舰桥、桅杆和烟囱可以统统合并到舰桥岛式建筑中去，然后把整个舰桥岛式建筑的位置从航母甲板的中间平移到右舷上去，通过改进，军舰的起飞甲板和降落甲板连成一体，形成一个全通式飞行甲板。这样，影响飞机起降的涡流和侧风岂不就消失了吗？

英国"百眼巨人"号航空母舰

　　造船专家们大受启发。他们研究了这位军官的方案并加以完善，正式将其命名为"岛"式设计。根据新的方案，造船工程师设计出从主甲板下面通向舰艉的水平排烟道，解决了烟囱排烟问题，舰桥、桅杆等其他突起物都按照那位军官的想法，合并到了舰桥岛式建筑中，移到了航母右舷。

1918 年 9 月，世界上第一艘具有全通飞行甲板和舰桥岛式建筑的平原型航空母舰"百眼巨人"号正式编入了英国皇家海军的作战序列。

紧随其后，英国海军动工兴建了"竞技神"号航空母舰，采用了更加完善的岛式结构，将一个环绕着烟囱的大型舰岛配置在舰体右舷。"竞技神"号的岛式结构非常成功，由此一举奠定了现代航空母舰的基本结构，并且一直沿用至今。

英国"竞技神"号于 1918 年 1 月正式动工建造，但由于第一次世界大战已经结束，工厂进度明显放慢，直到 1923 年 7 月才最终建成。然而此时，日本海军于 1920 年开工建造的"凤翔"号，由于工程进展迅速，却抢在 1922 年年底建成并开始服役。这样，日本海军抢在英国海军之前建成了世界上第一艘"纯正血统"的航空母舰，英国皇家海军此时只能眼睁睁地看着日本海军的"凤翔"号夺走了"世界第一"的桂冠。

日本"凤翔"号开始也采用了舰桥岛式建筑，但是，后来因为该舰的飞行甲板比较狭窄，舰桥岛式建筑在舰载机起降时显得非常碍事，日本人最后拆除了"凤翔"号上的舰桥岛式建筑。这样一来，第一艘纯正航母"凤翔"号又再次退回到了第一代航母的模式，最终还是成为了一艘典型的平原型航空母舰。

日本海军的"凤翔"号，虽然抢到了世界第一艘纯正航母的桂冠，但由于个头太小，缺乏进一步发展潜力，所以到了 20 世纪 30 年代以后，"凤翔"号只能作为日本海军的训练航空母舰来使用。

相比之下，英国的"竞技神"号虽然与世界第一的桂冠失之交臂，但凭借独特新颖的设计、前所未有的强大火力配备，以及较为完善的总体性能，仍然在世界上占有举足轻重的地位。由于日本"凤翔"号的舰桥岛式建筑的半途而废，英国"竞技神"号实际上成了世界第一艘真正采用岛式结构的航空母舰，从此以后，世界各国新建造的航空母舰，几乎都采用了类似的岛式结构，并且一直沿用至今。

1927年日本建成了"赤城"号航空母舰，但是它的舰桥岛式建筑被设计在左舷，而"加贺"号航空母舰的舰桥岛式建筑在右，据说是为了两舰并行编队。随后建造的"苍龙"号和"飞龙"号航空母舰也采用了同样的设计，这使日本成为唯一一个将舰桥建在航母左舷的国家。可事实证明这种设计很不成功，因为按照人的本能反应，出现紧急情况时，总愿意飞机向左转，这样就容易与舰桥紧密接触，因此除日本"赤城"号和"飞龙"号，再没有别的航母进行过这种尝试。

03　　　　米切尔少将的轰炸试验

◇ ⋯⋯⋯⋯

　　米切尔的目的只有一个，那就是用落在战列舰上的航空炸弹，为航空母舰炸出一条发展之路。

　　航空母舰初入江湖曾经很尴尬，它备受英国海军冷落，只是担任一些侦察、联络和运输的保障任务。那些大牌战舰的官兵们不屑的眼神让航母指挥官们异常郁闷，总想找机会露一手让他们看看。

　　机会终于来了！1918年1月的一天，达达尼尔海峡英国和土耳其双方激战正酣。土耳其战列巡洋舰"雅乌茨"号在逃窜过程中，触礁搁浅。看着这唾手可得的"猎物"，英军战舰指挥官们都跃跃欲试。

　　大家的热情让英军舰队指挥官犯了难：派谁去好呢？战列舰？不行！杀鸡焉用牛刀。巡洋舰？也不行！未必是土耳其巡洋舰的对手，潜艇？作为水下杀手，更不会让它去干这种简单的事了。"对，航空母舰！"英军指挥官琢磨了很久后想到了这个"新手"。

　　"昔日郁闷，今天可要扬眉吐气了。"作为新一辈，始终没有话语权，没想到，天上竟然掉下这么大个馅饼，航母舰长乐得手舞足蹈。

　　"皇家方舟"号和"曼岛人"号接受了轰炸任务。两位舰长虽然高兴，但也感到压力很大，因为在这之前，航母还没有击沉过一艘敌人的巡洋舰，也就是说，它没有任何作战经验。然而，两位舰长很快就又坦然了，不就是个死疙瘩嘛，只要让舰载机狠狠地扔炸弹就是了。

　　英国航空母舰行驶到"雅乌兹"号附近后，舰载机随即升空，投下很多炸弹。完成了投炸弹的任务后，飞行员一溜烟飞离了巡洋舰，耳后很快传来了阵阵的爆炸声。飞行员急忙又飞回了巡洋舰附近上空，期待着看看土耳其巡洋舰的残骸。不看不知道，一看吓一跳，"雅乌兹"号竟毫发无损！这架舰载机又飞过去投下了炸弹……

　　在"雅乌兹"号巡洋舰周围，爆炸声接连不断地传来，掀起一个个水柱。然而，硝烟退去后，失望之情又袭上舰长心头：那艘战舰还安静地卧在那儿！怎么会这样？原来，航母舰载机虽然投下了重达15吨的炸弹，但因其所投29千克和50千克的炸弹太小，对号称钢铁堡垒的铁甲舰根本起不到彻底损毁的目的。

　　怎么办？两位航母舰长见状，气得直咬牙根！太丢脸了，两艘航母居然都奈何不了一艘搁浅的巡洋舰！

"用鱼雷!"两位舰长决定孤注一掷。随后,挂载着舰用鱼雷的舰载机呼啸着升空了。然而,飞行员刚起飞,忽然感到飞机摇摇晃晃,就像刚学会走路的孩子那样蹒跚。原来,好几百千克重的舰用鱼雷让舰载机有点不堪重负(因为当时还没有专门适合舰载机使用的鱼雷)。但飞行员知道,现在顾不了那么多了,怎么也不能让其他战舰看航空母舰的笑话。飞行员全力控制着飞机,艰难地向着"雅乌兹"号飞去。突然,飞行员感到飞机完全失控,直直向大海坠去。飞行员惊出一身冷汗,拼命操纵飞机,作最后一搏,然而无济于事。只听"咚"的一声,载着超重鱼雷的舰载机一头扎进了大海。航母舰长气得脸红脖子粗。不过大家研究认为,只能用鱼雷。于是,第二架舰载机挂载着舰用鱼雷又起飞了。舰载机显得很沉重,像个醉汉在空中摇摇晃晃。航母官兵们的心都提到了嗓子眼儿。舰载机飞行员继续顽强地飞着,但结局没有改变,这架飞机也一头扎了下去,被大海无情地吞没了。

航母黔驴技穷了。看着眼前盘中的肥肉吃不下去,两位航母舰长心情十分沉重。受领任务时的兴奋如今变成了无边的失望:这下完了,航母的名声将一落千丈。两艘航母折腾大半天,自家损失两架舰载机,却奈何不了一艘搁浅的巡洋舰,实在令人心寒。征得上级指挥官同意后,觉得脸上无光的两艘航空母舰,只得在一片嘲笑声中灰溜溜地含恨离开了这片水域。一时间,航空母舰和它的舰载机发展前景暗淡。

改变是从 1921 年 7 月 21 日开始的。那天,美国海陆军的高级将领云集在停泊于美国西海岸切萨皮克湾的"宾夕法尼亚"号战列舰上。他们在等待观看一次试验性轰炸演练。三艘作为靶舰的军舰静静地停泊在不远处。排水量2.2万吨的战利品德国"奥斯特弗里斯兰"号战列舰赫然位列其中。

"奥斯特弗里斯兰"号战列舰经历过日德兰大海战，第一次世界大战后被虏至美国，厚重的装甲和强大的火力为它在德国海军中博取过"不沉"的赞誉。今天，它成了美国陆军航空局副局长威廉·米切尔少将的试验品。要验证的是少将提出的理论：战争中，拥有制空权的一方可以战胜仅有制海权而无制空权的对手。简单地说，就是飞机可以击沉大型战舰。

威廉·米切尔出生于1879年，1898年加入美国陆军。由于对新兴的航空事业有浓厚的兴趣，他于1916年学习了飞行，并成为美国陆军航空队早期的指挥官之一。在第一次世界大战中，它曾经率部队赴欧洲战场参战，参加和指挥了多次重大战役的空中作战行动，积累了丰富的空中作战经验。在战争中的亲身经历，使米切尔对制空权在未来战场上的巨大作用有极为深刻的认识，从而成为军事家杜黑所创立的制空权理论的忠实信奉者。

威廉·米切尔

对于此次将在很大程度上决定海军舰载航空兵前途和命运的试

验，米切尔进行了周密细致的准备。他所选用的攻击机，是陆军航空队的"马丁 MB—2"式双翼轰炸机。为了适应攻击海上战舰的需要，还专门设计了用于轰炸军舰的专用炸弹。同时，他还对参加试验的飞行员进行了严格的空对舰攻击训练。米切尔的目的只有一个，那就是用落在战列舰上的航空炸弹，为航空母舰炸出一条发展之路。海浪缓缓地拍打着"宾夕法尼亚"号的船舷，不知名的海鸟盘旋在舰艇周围，景象祥和宁静。舰上的高级将领们交头接耳，窃窃私语。他们不相信就凭几架玩具似的飞机就能击沉如此庞大的军舰。他们在等着看笑话。

突然，天空中响起了震耳欲聋的轰鸣声。8架美国陆军航空队的"马丁 MB—2"式双翼轰炸机进入了人们的视野，每架战机都挂有8枚123千克重的航空炸弹。在米切尔少将的亲自指挥下，8架轰炸机直扑靶舰！

在760米的高度上，米切尔少将下达了投弹的命令。瞬间，一枚枚重磅炸弹呼啸而落。靶舰顿时浓烟翻滚，烈火熊熊，不时有舰体的巨大碎片被抛上高空。20分钟的狂轰滥炸后，"奥斯特弗里斯兰"号战列舰沉入了海底，随后，另外两艘驱逐舰"新乔治"号和"巴杰尼亚"号也步其后尘，淹没在汪洋大海中。在"宾夕法尼亚"号战列舰上观战的将领们都惊呆了：玩具似的轰炸机竟然轻而易举地炸沉了号称海上霸王的战列舰！他们无法接受但又不得不接受这个结果。空中力量所蕴含的巨大威力使人不得不叹服。

　　米切尔的试验虽然取得了成功，但在当时，还是不能轻而易举地改变受巨舰大炮制海理论熏陶了 30 多年的海军将领们的观点。米切尔于是到处发表演说，宣传自己的观点，并对一些美国高级将领们的陈旧思想进行批评，指责他们是在出卖美国，是一群白痴、混蛋、糊涂虫……这下便触怒了军方的高级将领。1925 年 9 月，米切尔被叫到华盛顿，接受以麦克阿瑟为法官的军事法庭的审判。审讯一直持续了 7 个星期，他被判有罪，被迫停职 5 年。最后，米切尔在不幸和孤独中了结了一生。

　　16 年后，麦克阿瑟被日本人以航母为主力的海军赶出了太平洋，当他重返菲律宾时，也是在美国太平洋舰队司令尼米兹指挥的以航母为中心的强大特混舰队护送下，才取得一系列胜利。

　　不知这位名震一时的将军，在他失败和胜利时，是否想起被他判为有罪的米切尔……

　　尽管米切尔被判有罪，但他关于制空权保障制海权的理论和那次著名的轰炸试验，仍给美国军界带来巨大的震动。米切尔少将指挥的这一次历史性的轰炸充分证明了空中力量对于海上作战的决定性影响，不仅为航空母舰和海军航空兵在美国的发展铺平了道路，也在航母发展史上写下了重要的一笔。

二 由航母主演的世界大海战

01 塔兰托战役初显航母威力

◇ ....

1939年9月，第二次世界大战全面爆发了。地中海作为欧洲的战略要冲，控制着南欧的门户，德国要想称霸欧洲，必须使自己的南面安稳无忧。于是希特勒希望自己的盟友意大利能够控制地中海，保护自己的南翼，只要获得地中海霸权，那么英法在非洲的殖民地便摇摇欲坠，中东的油田资源也将为德国和意大利所掌握。相反，倘若地中海落入盟军之手，意大利的海上补给线就将断绝。

1940年6月10日，意大利对英法同盟宣战。墨索里尼狂妄地宣称，要把地中海变成"意大利的内湖"。11天后，法国投降，并同德、意签署了停战协定。这使英国地中海舰队的活动和至关紧要的地中海航道受到严重威胁，也使英国在非洲的守军处于孤立无援的境地，英国海军面临着巨大的压力。

英国海军在地中海海域负责防务的是英国皇家海军地中海舰队，该舰队由颇负盛名的海军上将安德鲁·坎宁安指挥，司令部设在埃及的亚历山大港。坎宁安是英国海军一位优秀的将领。

英国皇家海军拥有"光辉"号航空母舰和"鹰"号航空母舰，另外"百眼巨人"号也被调往地中海，担任飞机运送任务。

意大利海军虽然没有航空母舰，但它的海军却也是一支不可小觑的作战力量。但是，意大利海军十分清楚自己虽然在兵力对比上占有较大优势，但因缺乏空中掩护和支援，与英军对阵绝对占不到便宜。所以意大利舰队司令康皮翁尼采取消极避战的策略，只是在为北非护航时才出海，而且只要一发现英军有所动作，就立即掉头返航，龟缩于塔兰托军港，任凭英军如何引诱，就是闭门不出。

塔兰托军港是意大利海军主力的停泊港，在塔兰托港内常常停靠有5艘战列舰、十几艘巡洋舰和驱逐舰，正是凭借着庞大的舰队，意大利海军牢牢掌握了地中海中部的制海权。在岸基飞机的掩护下，意大利海军可以随时对航行在地中海的英国运输船队发起攻击。所以消灭在塔兰托的意大利海军主力，进而重新夺回地中海的制海权，成为摆在英国海军面前的首要任务。塔兰托港分为内外两个部分，其中内港被陆地所包围，外港则港宽水深，是大型军舰理想的停泊地点，由防波堤环抱。塔兰托外港从海上易守难攻，是意大利海军的主要基地。为了保障港口的安全，意大利海军在塔兰托的外港处设置了防潜网，并在岸边设有多门大炮，直指外海，使得从海上强攻塔兰托港几乎成了不可能完成的任务。同时，在塔兰托港的内部设有300门大炮和22盏探照灯，在高空还设有拦阻气球，构成了立体的防御体系，因此袭击塔兰托港是件很困难的事情。

英国海军上将坎宁安经过分析认为，拥有航空母舰是英军的优势所在。意大利海军设置的防雷网深度为8米，英国可以使用新型磁性鱼雷，并把爆炸深度定为10米，从防雷网的下方穿过，使意大利的防雷网变得毫无作用。于是，坎宁安上将制订了一个使用航空母舰夜袭塔兰托的作战计划。

为了给即将开始的空袭作战提供准确的情报，英国空军派出了侦察机从高空拍摄了塔兰托军港的照片。英军情报军官在对航拍照片进行仔细判读时发现，对空袭作战影响很大的拦阻气球是用钢缆系留，悬停在港口上空的，当飞机从低空进入时，就有可能撞上钢缆，机毁人亡。情报官经过对照片进行精确计算，确认气球的间距大约是270米，飞机完全可以从系留钢缆中间飞过。问题是如果参加空袭的"剑鱼"式飞机以240千米/小时的速度摸黑穿行，情况就大不相同了。他们决定：以几架"剑鱼"式鱼雷机改挂照明弹和炸弹，在港口的东岸投放照明弹照亮目标，让携带鱼雷的"剑鱼"式飞机从西南和西北方向发起攻击。而这几架飞机在投掷照明弹后，再使用其所挂的炸弹去轰炸港口设施。计划好后，一共有30架"剑鱼"式飞机参加了训练，并做好了空袭准备。

海军上将坎宁安站在"光辉"号航母的甲板上，望着雾气沉沉的大海，冥思苦想："战前准备基本到位，哪一天发动袭击好呢？"他走进舰长利斯特的办公室。来到办公桌前，随手翻动着桌上的日历。"10月21日！"这个日子犹如一道闪电跃入了他的眼中。这一天是英国海军值得骄傲的日子。1805年10月21日，英国海军名将纳尔逊率英国主力舰队在特拉法尔海战中确立了英国的海上霸主地位，并使这个地位保持了一个多世纪。而纳尔逊将军在此次海战中以身殉国，成为英国历史上著名的英雄。想到这里，坎宁安上将精神一振，他对利斯特将军说："攻击时间就选在10月21日，这一天是英国海军的光荣和骄傲，也许会给我们带来好运气。另外，这天为满月，有利于飞行员发现目标并实施攻击，同时也便于攻击后撤退，在海上找到咱们的航空母舰。"于是，他和利斯特舰长一致同意把攻击的时间选在10月21日。然而，好事多磨，一连串意想不到的情况，差点迫使坎宁安上将放弃袭击塔兰托的计划。

一天黄昏，航母舰长利斯特拿出一瓶威士忌，对坐在餐桌旁的坎宁安上将说："来，咱们喝一杯！"利斯特正准备与坎宁安干杯。突然，舰上传来一阵爆炸声。他们心里一惊，随即冲出餐厅，只见"光辉"号甲板上一片火海，火势迅速蔓延到周围的飞机。利斯特舰长急得直跺脚，大声嚷道："飞机！抢救飞机！"火势终于被扑灭了。

原来，为了提高飞机的续航能力，舰上的工作人员正在甲板上为飞机加装一个油箱。旁边一个装配工由于太疲劳了，一走神不慎滑倒，手里的螺丝刀擦碰到电极接头，火花点燃了飞机油箱中未排净的汽油，酿成了爆炸和大火。虽然工作人员奋力抢救，但还是有两架"剑鱼"式飞机被毁坏，另外5架飞机被海水浸湿。

内行人都知道，飞机被海水浸湿后，要用淡水冲洗、干燥和重新维护保养，这一切都需要时间，坎宁安上将懊丧极了。时隔不久，"鹰"号航母的动力系统也出现问题，不得不返回国内大修，"鹰"号航母搭载的11架"剑鱼"式飞机，"光辉"号航母只能接受5架。这样，参战的飞机只有24架。坎宁安上将和舰长利斯特又一起协商，把袭击的时间推迟到11月11日，并把这次作战的代号定为"判决"。

11月6日，一架"剑鱼"式飞机从"光辉"号航母上起飞，执行例行的反潜巡逻任务，结果飞机发动机出现故障，一头栽进了大海。其后，又有两架"剑鱼"式飞机莫名其妙地坠入大海。舰长利斯特亲自带领手下连夜追查，最后终于找到事故的原因，原来是一个汽油仓内混进了海藻，使航空汽油受到污染。这样一来，能够参加空袭作战的飞机只剩下21架了。

1940年11月11日18时，由"光辉"号航空母舰和4艘巡洋舰以及4艘驱逐舰组成的编队，从地中海中部取道东北航线，高速向意军占领的塔兰托港驶去。在距离塔兰托港仅200海里（370千米）的时候，"光辉"号航空母舰开始减速，调整到迎风航向。

英军的第一攻击波由12架飞机组成，威廉森少校为领队长机。其中6架鱼雷机各携带1枚457毫米鱼雷，这是攻击的主力。4架轰炸机各携带6枚112千克穿甲弹，还有两架飞机各携带4枚112千克穿甲弹和16枚照明弹作为照明机，为其他飞机进行照明，以保障攻击成功。第二攻击波由9架飞机组成，黑尔少校为领队长机，其中鱼雷机5架，轰炸机和照明机各2架，在第一攻击波起飞1小时后起飞。英军计划11日20时到达攻击出发阵位，先由照明飞机投下照明弹，鱼雷机负责攻击战列舰，轰炸机和投完了照明弹的飞机则攻击巡洋舰、驱逐舰及岸上目标。

英国"光辉"号航母袭击塔兰托港

英军的照明飞机在高空盘旋,不断投下照明弹,将塔兰托港照得如同白昼。第一攻击波 12 架"剑鱼"式飞机从不同方向分头实施突击。携带磁感鱼雷的英军"剑鱼"式战斗机仍能机动灵活地俯冲攻击,炸得意大利战舰只能胡乱还击。整个塔兰托港此起彼伏地响起了猛烈的爆炸声。意大利守军的高射炮仓促开火,但他们没有受过严格的夜间训练,对高空乱打一气难以击中目标。海湾中的意大利战舰乱成一团,争相起锚逃向外海。

英军编队长机威廉森勇猛机智,不断地规避敌方炮火,他率领其他飞机接连对"加富尔"号战列舰投放鱼雷,迅速击沉了这艘意大利主力舰。就在这时,威廉森少校突然感到一阵猛烈的震动,飞机被炮弹击中了。转眼之间,飞机失去了控制,向海中栽去。半小时后,英军鱼雷机群的第一攻击波结束,第二攻击波紧接着开始,塔兰托港成为一片火海。战斗结束，只有威廉森少校和参加第二攻击波的一架飞机没有回来。此次空袭塔兰托之战，英国海军只出动了21架老式"剑鱼"式攻击机，仅用了65分钟的时间，就击沉、重创了意军的3艘战列舰、2艘巡洋舰和2艘驱逐舰，并击毁了一个水上机场和油库，几乎使意大利海军损失一半。经此一战，意大利海军司令部吓得赶紧下令暂时放弃塔兰托，并躲进了那不勒斯港，从而把地中海中部的制海权拱手让给了英国海军。

英国海军少校威廉森没有死。他受伤被俘，1943年被送往德国关押，1945年德国法西斯战败投降，威廉森才获得了自由。回到英国伦敦后，他获得了一枚"优质服务勋章"。

空袭塔兰托之战，是现代海战条件下使用舰载航空兵实施对港攻击的第一次成功尝试，从某种意义上说，正是1940年地中海战场上的塔兰托之战，为一年多后太平洋战场上的日军偷袭珍珠港之战打出了一个成功的范例，使日军偷袭珍珠港成为奇袭塔兰托的放大版。

02　　虎！虎！虎！日本偷袭珍珠港

◇ ⋯⋯⋯⋯⋯

　　震惊世界的突袭珍珠港之战，再次创造了舰载航空兵对岸、对港攻击的成功战例。这也预示着航空母舰在未来太平洋战场上将发挥出决定性作用。

　　日本是个资源贫乏的国家，掠夺丰富的资源，是其推行日本军国主义侵略政策的重要原因。自从第一次世界大战后，美国和日本的矛盾不断激化。为了加快占领东南亚的步伐，就必须打掉美国的太平洋舰队。

　　夏威夷的珍珠港在夏威夷的瓦胡岛，风光秀丽，海浪拍打着礁石，激起层层浪花，浪花在阳光下五光十色，像串串珍珠，所以叫珍珠港。珍珠港是美国太平洋舰队的基地，占据十分重要的战略位置，可以说是太平洋的心脏。这里集中了美国海军的精华，节假日，海港里停泊着大大小小的各式军舰，被称作战舰大街。望着那些威武雄壮的军舰，美国人心中无比自豪。

日本联合舰队司令山本五十六上将早就惦记上这一块肥肉了，他秘密策划了偷袭美国海军基地珍珠港的计划。为了实现计划，山本五十六率领联合舰队，带上刚研制成功的可供在珍珠港的浅水中使用的秘密武器——浅海鱼雷，进驻地势与珍珠港很相似的日本九州岛南端的鹿儿岛进行秘密训练。在那里，航空母舰上的舰载机进行了以袭击停泊在珍珠港内的美国舰群为目标的模拟训练。

1941 年 11 月 26 日，在南云中将的指挥下，由 6 艘航空母舰和 27 艘其他舰艇组成的日本机动舰队悄悄地驶向珍珠港。

日本决定选在 12 月 8 日这一天发起进攻。12 月 8 日，夏威夷时间是 12 月 7 日，星期日。为什么选在这一天呢？一是因为利用节假日偷袭美军，美军比较松懈；二是偷袭一般选在拂晓，天亮前最好有月光，也就是说，满月后的三四天时间是最合适的，12 月 8 日正是满月后的第四天。另外，有情报表明，美军舰队通常都是在周末从训练海域返回珍珠港。星期天的早晨，美军太平洋舰队在港的可能性最大。所以，日本舰队决定把 12 月 8 日定为进攻的日子。12 月 6 日，山本五十六上将发来了训示电报："皇国兴废，在此一战，我军将士务须全力奋战！"

南云的旗舰"赤城"号航空母舰的桅杆上升起了"Z"字旗。所谓的"Z"字旗就是对敌表示决战的意思。在三十多年前的对马海战中，日本海军联合舰队司令长官东乡平八郎海军大将的旗舰——"三笠"号战列舰上，也曾飘扬过"Z"字旗，激励着日本海军在著名的对马海战中，一举击溃俄国海军的第二太平洋分舰队。

12月7日，星期天的早晨，在美国珍珠港海军基地，周末尽情狂欢后的美国官兵大多还在睡梦中。珍珠港奥帕纳山岗上的美军雷达也关闭了。两名新兵出于好奇，开动了雷达。突然，他们发现荧光屏上出现了密密麻麻的发光点，而且，这些发光点变得越来越大，也越来越清晰。

"飞机，成群的飞机正在向我们飞来！"他们立刻将情况向值班的泰勒中尉报告，泰勒仅值过一次班，这是第二次值班。泰勒对新兵的报告毫不在意，还把两名新兵嘲弄了一番，并命令关掉雷达。这样，美国人便失去了自救的最后机会。

两位新兵在雷达荧光屏上发现的机群，确实是从6艘日本航空母舰上起飞的183架飞机，这些飞机组成第一攻击波，编好队形，扑向珍珠港。

在气势汹汹的日机大编队兵临城下时，珍珠港已有凶端，美国人本该有所警觉。6时30分，港外发现日本潜艇，被美驱逐舰击沉，同时，美巡逻舰在防御水域内又击沉了一艘来历不明的潜艇。所有这些端倪，如果引起重视，珍珠港也不会被日本人炸得那么惨。

珍珠港已遥遥在望，空中指挥官渊田中佐用预定的暗语，发出了攻击命令："虎！虎！虎！"

7时55分，高桥海军少佐率领51架轰炸机首先扑向美军机场。他们对停放在机场停机坪上的450架美国飞机进行了凶猛的攻击，大多数美国飞机还来不及起飞，就被炸得四分五裂。只有几架美国战斗机冒着弹雨起飞，但很快就被日本飞机打了下来。

8时整，停泊在珍珠港中的美国战列舰"内华达"号的甲板上，正在进行升旗仪式。参加仪式的美军官兵听到了远处美国机场传来的爆炸声，还以为是在进行特别的军事演习呢。

"星期日还要进行演习，真烦死人了！"不知谁不满地说了一句。

不料话音未落，一架架日本鱼雷攻击机擦着海面飞来，向停放在港湾中的美军舰艇施放特制的浅水鱼雷。顿时，海面上鱼雷泛着白色的浪迹纵横交叉，向停泊着的美舰奔驰而去。"俄克拉荷马"号战列舰首先被数枚炸弹命中，然后左舷中了3枚鱼雷，船体立刻开始左倾，达到45度。随后它又被2～3枚鱼雷命中，船体漏油，而且迅速倾斜，10分钟内就倾斜到135度，有400多名官兵因此而遇难。"亚利桑那"号战列舰被一枚鱼雷击中，引起弹药舱大爆炸，上百吨的炮塔在爆炸声中飞上了天，巨大的舰体燃起了熊熊烈火，仅几分钟，"亚利桑那"号战列舰就载着1 100多名舰员沉没了。"西弗吉尼亚"号战列舰也遭到了和"亚利桑那"号战列舰相同的命运。"加利福尼亚"号被两枚鱼雷在左舷炸开一道12米长的口子，随后又被一枚鱼雷炸开大洞。舰上重油库腾起惊人的烈焰，舰体逐渐倾斜下沉，该舰有100多人遇难。而"马里兰"号被两枚炸弹命中，虽然损坏不严重，但炸弹引起了大火。"田纳西"号被两枚炸弹命中 2、3 号炮塔，它及时打开了注水阀，因此船体慢慢下沉，避免了快速倾覆的厄运。

　　构成第一攻击波的 40 架鱼雷攻击机对美军舰队进行空袭后，珍珠港内出现了暂时的平静。然而，灾难并未结束。8 时 55 分，构成第二攻击波的 171 架日本轰炸机和战斗机又飞抵珍珠港上空，再次对停泊在港中的美军舰队进行了近一个小时的猛烈攻击。在第二攻击波结束后，对是否实施第三攻击波，南云司令官和参谋发生了争论。有的要求再次发起进攻，但南云最终选择了撤退。由于南云满足于已有成果，未实施第三次攻击，致使夏威夷岛上的油库群以及造船厂完好无损，碰巧外出执行任务的 3 艘美军航空母舰幸免于难，这些都对美日双方之后的作战产生了重大影响。

日本航空母舰舰载机偷袭珍珠港

日军用舰载机偷袭珍珠港，取得了重大战果。共击沉美军战列舰5艘、重巡洋舰2艘、轻巡洋舰2艘和油船1艘，重创战列舰3艘、巡洋舰2艘、驱逐舰2艘。450架美军战机被击毁和击伤，4500多人伤亡。而日本仅损失飞机29架，潜艇5艘。

虽然在战术上日本人取得了胜利，并且在此后的6个月中，美国海军在太平洋战场上变得无足轻重，日本迅速占领了整个东南亚和太平洋西南部，它的势力一直扩张到印度洋。但是对珍珠港的袭击，不仅激发了美国人民的民族感情和对日本人的仇恨，也促使美国和英国更紧密地团结在了一起，等待日本人的不是实现"大东亚共荣圈"的美梦，而是更加强劲的对手。

日本对珍珠港偷袭的大获全胜，是继英国海军奇袭塔兰托之后，航空母舰所取得的又一次重大胜利。从此，航空母舰取代战列舰成为海战中的主角，惊心动魄的航母大战由此拉开了帷幕。

在珍珠港事件中，被炸沉的战列舰有"亚利桑那"号、"加利福尼亚"号、"西弗吉尼亚"号，倾覆的有"俄克拉荷马"号，受重创的有"内华达"号，受轻创的有"马里兰"号、"宾夕法尼亚"号和"田纳西"号，那么珍珠港事件后，这些战列舰的下落如何？

这些舰船除"亚利桑那"号建成了沉舰纪念馆供人们参观外，其余的战列舰都被从珍珠港的海底浊泥中打捞起来并进行了修理。其中只有"俄克拉荷马"号未能修复，其余6艘战列舰经过修理后都重新投入了战斗，有的战列舰还在太平洋战争中建立了战功。

在1944年10月美日进行的莱特湾大海战中，日本海军中将西村祥治率领一支水面舰队企图强行通过苏里高海峡，袭击集结在莱特湾的美国舰只。美海军第7舰队司令托马斯·金准确判断出了日军的企图。为拦截日舰，他果断命令杰西·奥尔登多夫海军少将指挥一支由6艘战列舰、4艘重巡洋舰、4艘轻巡洋舰及28艘驱逐舰组成的舰队横列在苏里高海峡北口，迎击日舰。这6艘美国战列舰中，除"密西西比"号以外，"西弗吉尼亚"号、"田纳西"号、"加利福尼亚"号、"马里兰"号、"宾夕法尼亚"号这5艘战列舰均是从珍珠港浊泥中打捞起来修复好的美国军舰。10月25日凌晨，西村舰队进入苏里高海峡后，先是遭到美军驱逐舰和鱼雷艇连续几个小时的骚扰。然后，美军战列舰以其355毫米和406毫米主炮的强大火力猛烈轰击日军舰队，一举击沉日军战列舰"扶桑"号和"山城"号及多艘驱逐舰。西村舰队几乎全军覆灭。这些修复好的美军沉舰打败了日军舰队，更增加了这次胜利的戏剧性。

03　"野狐狸"杜立特轰炸东京

◇ ⋯⋯⋯⋯⋯⋯

　　日本偷袭珍珠港，重创美太平洋舰队的消息传到美国，美国人民非常愤怒。美国总统罗斯福签署对日宣战书，公开宣布要轰炸日本本土，以示对日本不宣而战的报复。

　　美军统帅部在制订轰炸日本的方案时，遇到了困难。因为轰炸东京谈何容易。美国距离东京十分遥远。如果使用陆基远程轰炸机，即使从离日本最近的中途岛起飞，其燃油也不够来回。如果用航空母舰舰载机，则难以突破日军设置的海上远程警戒雷达网。一旦舰队被日军发现，不仅轰炸计划落空，而且航空母舰自身难保。

　　这个难题一直困扰着空袭东京的作战方案的实施。直到有一天，一位作战参谋提出了一个大胆而又奇特的设想："用远程轰炸机从航空母舰上起飞来轰炸日本，轰炸后不再返回航空母舰，而是直接飞往中国着陆。"这个建议得到了美国军界高层的一致赞同。于是，一个轰炸东京的秘密计划很快制订出来了。

美国陆军航空队第一流的飞行员杜立特中校被选定来执行这一任务。外号叫"野狐狸"的杜立特是一个神话般的人物，他非常聪明，甚至可以说有点狡诈。他年轻时曾是一名优秀的拳击手，曾得过世界冠军。每次赢了比赛后，他都高举双手，说："我是美国人！"可见他的爱国热情。另外，他曾数次打破世界飞行纪录，并第一个以 12 小时的时间横飞美国大陆。

"野狐狸"杜立特受命之后，立即着手选拔参战队员。按照计划，用来轰炸东京的是 16 架 B—25 轰炸机，每架飞机有 5 名机组人员，他从美国陆军数千名飞行员中精心挑选了 80 人，组成了著名的"杜立特敢死队"。他们来到佛罗里达州的埃格林基地，进行一个月的特别训练。

巨大的远程轰炸机要在只有 150 米长的航空母舰甲板上起飞，难度很大。"野狐狸"杜立特对远程轰炸机进行了改装，拆掉了用于自卫的一些火炮、机枪，最大限度地减轻 B—25 机体的重量，以缩短起飞滑跑距离，然后对飞行员进行了极为严格的短距离起飞训练，最后挑选了 75 名人员参加行动。

1942 年 4 月 2 日，美国"大黄蜂"号航空母舰载着 16 架 B—25 远程轰炸机，在 6 艘巡洋舰的护卫下秘密驶离旧金山海军基地，消失在太平洋的雨雾中。

美国"大黄蜂"号上的 B—25 轰炸机

　　"大黄蜂"号是一艘刚刚服役的崭新的航空母舰，是美国海军在第二次世界大战爆发前建造的"约克城"级航空母舰的 3 号舰，该舰于 1941 年 10 月 20 日建成，经过短期的试航刚刚正式服役，参战后首次出航就担负起了轰炸日本首都东京的重任。在北太平洋，他们与另一支由哈尔西中将率领的以"企业"号航空母舰为核心的护航编队在中途岛北部海域会合，组成了空袭东京的特混舰队，并驶向预定海域。

　　此次空袭东京的作战计划是：航母特混舰队于 4 月 19 日夜间行驶至距日本海岸约 450 海里（约 830 千米）处，杜立特率领的轰炸机群即刻起飞，前往轰炸东京等地，然后直接飞往中国沿海机场降落。

　　4 月 18 日清晨 6 时，美航母特混舰队在距离东京 720 海里（约

1 330 千米）处被一艘日本巡逻舰"日东丸"号发现。"日东丸"
号当即用无线电将情报发往日本联合舰队司令部。

"要不要向日本国民发防空警报？"一个参谋请示山本五十六。

"舰载机的作战半径只有 300 海里（约 550 千米），美国舰队现
在距我国有 700 多海里（约 1 300 千米），空袭最快也要在明天凌晨
才会出现，晚上发警报也不迟。"山本凭经验判断，犯了个大错误。

接着，山本五十六给南云发特急电报，命令他率领日本航母去
迎击美国航母。

美国航母特混舰队总指挥哈尔西中将见舰队已暴露，便命令巡
洋舰将日舰"日东丸"号击沉，并下达了轰炸机提前出击的命令。
此时，特混舰队距离日本海岸尚有 668 海里（1 237 千米）之遥。

巨大的 B—25 轰炸机一架架升上了飞行甲板，弹药手忙着给轰
炸机装上重磅炸弹和燃烧弹。

杜立特率先从"大黄蜂"号航母上起飞

　　"野狐狸"杜立特第一个登上轰炸机，7时20分，机轮前的挡板移开了，杜立特驾机向前滑行，宽大的机翼伸到了舷外。飞机越滑越快，迎着狂风向舰首冲去，顺利地升上天空。紧接着，15架B—25轰炸机依次起飞成功，飞向日本。总指挥哈尔西中将望着远去的机群，立即命令航母特混舰队返航。

　　为了防止被敌机发现，"野狐狸"杜立特命令所有飞机贴着海面超低空飞行。4月的东京，樱花盛开，人们沉浸于日军在太平洋战争中取得的胜利，日军放松了对本土的防卫。美机在锚泊着的渔船桅杆上空一擦而过，十分担心会遭到下面机关枪的扫射，但是，渔船上的许多男人和女人热烈地向美机招手——日本人以为是自己的飞机。

　　轰炸机群飞进了河谷。突然，有两批日军的战斗机群从美军透明的机头上空掠过，但实施超低空飞行的美军机群没有被发现。实际上，与美军机群相遇的日本飞机竟然有当时的日本首相东条英机的座机。当时，东条英机正乘飞机去视察水户航空学校，突然从右前方飞来一群双引擎飞机，东条的秘书西浦大佐觉得飞机样子挺怪，当近到连飞行员的脸都可以看清时，他猛然醒悟：是美国的飞机！双方一掠而过，一枪未发。

　　中午12时30分，杜立特率机飞抵日本首都东京上空，"瞧，好大的飞机！防空演习又要开始了！"东京的路人争相观看，并不时向空中的飞机招手致意。

　　"各机注意，瞄准目标，投弹！"杜立特下达了攻击命令。

　　重磅炸弹和燃烧弹顿时向东京的钢铁厂、造船厂、炼油厂、发电厂和兵营等目标倾泻而下。此时，尖厉的警报声才响起，东京陷入了一片混乱，美军的轰炸机编队从东京的屋顶飞过。日本人满街跑，许多军事设施和工业目标都成了一片火海，美机尽情地投弹。日本海军造船厂正在建造的一艘巡洋舰和一艘潜艇被摧毁，飞机制造厂和坦克制造厂也遭到重创。

轰炸结束，"野狐狸"杜立特率领机群安全离开日本。其中一架降落在苏联的符拉迪沃斯托克，其余15架飞入中国大陆后，由于燃油不足及恶劣的天气因素，不得已进行迫降和跳伞。75名机组人员中，有3人丧生，8人被日军俘虏，其余的在中国抗日游击队的掩护下，平安回到美国。

当年曾经救助过美国飞行员的赵小宝老人说："那天晚上，天阴沉沉的。忽然从外面传来'轰'的一声巨响，房子都被震得抖动了一下，我以为又是日本人来轰炸了，赶忙拉着丈夫冲出屋门，跟随村里人往山上跑。在山上等了半天没动静，大家便陆陆续续下山回家。"赵小宝仍然清楚地记得当年的情形。在经过自家猪圈时，赵小宝发现乱草堆里有动静，仔细一看发现里面藏着人，吓得叫了一声，连忙躲到了丈夫背后。丈夫以为是偷猪贼，马上飞奔着进屋拿来马灯和一把鱼叉。他用鱼叉挑起乱草，发现草堆里面藏着四个黄头发蓝眼珠的外国人，他们被眼前的情景惊呆了。这四个外国人从乱草中站了起来，其中一个用手对着我们比画了半天，丈夫也拿着鱼叉和他们比画。过了一会儿，丈夫告诉妻子赵小宝，刚才的一声巨响是黄头发的外国人驾驶的飞机，坠毁在不远处的檀头山岛大王宫村附近海面上发出来的。丈夫把他们让进屋里，其中一个人从行囊中掏出一幅满是英文的世界地图，指着美国的位置比画着。赵小宝虽然不能完全明白他们的意思，但知道他们是打日本鬼子的。妻子赵小宝跑进内室，翻出几套父亲和丈夫的衣服。她捧起衣服递给黄头发的外国人，四双蓝眼睛一齐投向赵小宝，尽管他们听不懂赵小宝在说些什么，但似乎从她堆满笑容的脸上感觉到她对他们的友好。他们双手接过衣服，每人分了两件，把身上的湿衣服换下。

为了招待这几个黄头发的外国人，赵小宝从碗柜中拿出了几碟小菜，又从邻居家里借了四个鸡蛋，给他们做饭。刚把饭菜端上桌，他们就狼吞虎咽地吃起来。60多年后，来华访问的四名美军飞行员之一的爱德华说，那晚的饭菜是他一生中吃得最香的。

为了能让这几个飞行员睡个好觉，新婚不久的赵小宝和丈夫把婚床让给了他们，自己睡在屋外为他们放哨。第二天天还没亮，赵小宝和丈夫在四名美军飞行员的带领下，找到了失散的另一名美军飞行员。傍晚时分，赵小宝从村里借来一条小船，掩护美军飞行员转移。为掩人耳目，赵小宝将草木灰涂抹在他们脸上。漆黑的夜色中，只听见"吱呀"的划桨声，这几名美军飞行员把双手放在胸前，好像在祈求上帝保佑。船到石浦南田韭菜湾靠岸后，遇上了三门县自卫队的队员，五名飞行员被安全送至三门，后又转送临海。

"太危险了，如果当时被日本人发现，整个岛上的人都会没命的，现在想起当时的情形，我还有点心颤。"赵小宝老人停了一会儿接着说，"临分别时，五名飞行员紧紧握住我们的手不肯松开。"

"后来我才知道，当天救美军飞行员的不只有我和丈夫，还有好多中国老百姓。"老人回忆说，"另一架美军飞机掉到象山南田岛大沙村的沙滩上，渔民们发现五个美军飞行员后，给受伤的治了伤，然后花钱租了一条船，把他们安全送走了。还有一架飞机坠落在爵溪东南的牛门礁海面上，机上五名飞行员中有两名遇难，剩下的三个爬到岸上。他们也得到了中国渔民的帮助，不过他们就没那么幸运了。"

那天黄昏，渔民叶阿桂摇着舢板到岸时，突然发现三名美军飞行员浑身湿漉漉地瘫在沙地上。叶阿桂偷偷地把他们带进爵溪城里，分别安置在自己和邻居葛友法家里。为了保证这三名外国客人的安全，第二天他们想把客人领到一家豆腐店暂避。可事不凑巧，到街口时，几个伪军正好路过这里。他们灵机一动，把美军飞行员带到乡长杨世森家。杨乡长把三名美国飞行员迎进家里，一面热情地款待，一面苦苦思索营救的良策。

第二天，在杨世森的策划下，三名飞行员一副渔民打扮，混在十个村民中向爵溪镇东门口走去。刚到东门口，被日伪军哨兵发现。"快跑！"带队的刘成本催着大伙赶紧绕开日军，往县城方向跑，不料未到白沙湾，一大堆日本人已荷枪实弹站在那里。刘成本迅速将三名飞行员藏到路边的苇草丛中，十名壮汉义无反顾地迎着日本兵走了过去，站成一面人墙。"嗒、嗒、嗒……"日军一阵机枪扫射，十位淳朴的中国人为了三名美国飞行员而齐刷刷地倒在了故乡的土地上，殷红的鲜血被海浪带进了大海。这三名美军飞行员落入日本兵手里后，一名被残酷杀害，两名被押解至上海，其中一名死于狱中，一名抗战胜利后获释回国。

杜立特成功轰炸东京的消息很快传遍美国，使美军士气大振。

美国总统罗斯福专门召开了记者招待会，招待会上一位女记者向罗斯福总统提了一个问题："请问轰炸东京的 B—25 轰炸机是从哪个基地起飞的？"罗斯福总统思索了一下，幽默地回答说："香格里拉，是从香格里拉起飞的。"香格里拉是美国作家希尔顿的畅销小说《消失的地平线》中描写的一个世外桃源。

由于成功地对东京进行了空袭，杜立特中校和他生还的战友们都获得了美国政府的嘉奖，杜立特荣获了美国最高国会勋章，并晋升为准将。时隔 42 年之后，1984 年，时任美国总统的里根，还给杜立特授了奖。1993 年，杜立特在加利福尼亚州去世，下葬于阿灵顿国家公墓。葬礼举行时，美国所有尚可飞行的 B—25 轰炸机全部升空以示悼念。

美国的这次空袭，无论是目的、动机还是最终结果，都是"醉翁之意不在酒"。仅仅投入了 16 架轰炸机，持续了 30 秒钟的空袭作战，摧毁了日本的建筑物 90 余座，造成 50 余人死亡，物质上的损失并不是很大，但是在精神上和心理上，却极大地震动了日本这个世世代代以为其本土不会遭到攻击的国家，给当时骄横、不可一世的日本军界以沉重的心理打击，同时也使在太平洋战争初期连战失利、士气低落的美军乃至整个盟军都为之一振。

由于轰炸东京的许多架美军轰炸机在浙江沿海着陆，日军立即发动了大规模的搜捕行动。他们疯狂地轰炸浙江沿海等地，造成 25 万中国老百姓死亡，许多村庄被夷为平地。中国人民为美国人轰炸东京做出了很大的牺牲。

04 首次航母编队大博弈

◇ ··············

珊瑚海大海战是世界海战史上第一次航空母舰之间的超视距海战。1942 年 5 月 7 日,海上阴云密布,美日双方开始都没有发现对方的大型航母编队,无功而返的日军舰载机,在返航途中差一点在美军的"约克城"号航母上降落。日军虽然取得了战术上的胜利,但真正的赢家却是美国。

在澳大利亚的东北方,有一片蔚蓝色的大海,叫珊瑚海。它的面积达 480 万平方千米。为什么叫珊瑚海呢?据说,在这片典型的热带海域,生长着大面积的珊瑚。这些珊瑚长年累月地积累,历经风波海浪的侵蚀,还有过往船只的摧残,顽强地形成了无数的珊瑚礁，使得外表平静的珊瑚海在航海家的眼里，成了危险的海域。由于珊瑚和珊瑚礁众多，这片海域自然而然就被称作珊瑚海了。

现在，这里是一个风光秀美的地方，是人们度假的好去处，举世闻名的澳大利亚大堡礁，就位于珊瑚海的西侧。然而在70多年前，这里曾经进行过世界上第一场美日航空母舰之间的大拼杀，这里是珊瑚海大海战的爆发地。

当年，日本海军成功偷袭美国珍珠港后，为了进一步扩大战果，盯上了澳大利亚。但是，日本人的陆军主力当时正陷在对华作战的泥潭中自顾不暇，没有能力对澳大利亚展开大规模的陆上进攻，所以日军最高统帅部决定，首先利用海军切断澳大利亚与珍珠港的联系。为此，必须占领新几内亚东南岸的美军重要基地莫尔兹比港和所罗门群岛南端澳大利亚基地的图拉吉。

美国海军尽管在珍珠港遭到日军的沉重打击，兵力不足，但这一次，美国太平洋舰队司令尼米兹上将决心奋起反击，给日本人点颜色看看。尼米兹之所以下这样的决心，是因为尼米兹手上有一个日本人意料不到的王牌。原来，1942年1月20日傍晚，日本"伊—124"号潜艇在澳大利亚达尔文港附近布雷时被盟军舰艇击沉。美军随后用潜水作业船从该艇上捞出了日本密码本。通过破译的密码，使尼米兹进一步证实并弄清了日军下一步作战的企图：占领莫尔兹比港，压制澳大利亚。尼米兹还准确掌握了即将南下的两支日本机动部队的兵力编成、行动计划以及登陆部队从拉包尔出发的日期。其实在第二次世界大战中，制胜的关键因素是那些从未上过战场，整天跟数字打交道的人：密码员。从潜艇战到诺曼底登陆，从中途岛海战到击毙山本五十六，失败的一方都有一个共同点，就是在密码上栽了关键性的跟头。英国前首相丘吉尔曾形象地称这些密码员是"下了金蛋却从不叫唤的鹅"。

尼米兹掌握了日本人的秘密后，考虑到"萨拉托加"号航空母舰被日本潜艇击伤，在西海岸修理，"企业"号和"大黄蜂"号航母在袭击东京的返航途中。可供美国海军使用的只有"列克星敦"号和"约克城"号，于是尼米兹决定命令海军少将弗莱彻率领第17特混舰队（"约克城"号和"列克星敦"号航空母舰、舰载机140余架，巡洋舰5艘，驱逐舰9艘）在珊瑚海阻击日军登陆部队。弗莱彻是美国海军著名将领，太平洋战争爆发后，被任命为第四特混舰队司令、太平洋舰队第四巡洋舰分队司令，在这次珊瑚海海战中，指挥舰队击沉日本轻型航空母舰"翔凤"号，重创日本航空母舰"翔鹤"号，立了大功。

1942年5月3日，美日海军在珊瑚海发生第一次战斗。当日军在图拉吉登陆的时候，美军的"约克城"号正在巴特卡普角以西160多千米的海面上。弗莱彻少将立即中断加油作业，命令"约克城"号以每小时48千米的速度，向北驶往所罗门群岛中部。5月4日拂晓，"约克城"号到达瓜岛西南约160千米的海面。这时航空母舰战斗机的飞行员向图拉吉附近海面上的日军发动了一系列的袭击。

美军飞行员的这一袭击暴露了美军的实力。这时美军获得情报，日本海军用两艘航空母舰为入侵莫尔兹比港的部队提供空中掩护，并将于第二天穿过卢伊西亚德群岛。弗莱彻于是命令舰队驶向珊瑚海。一架执行搜索任务的日本飞机发现了弗莱彻的舰队，日本人命令运输船停止前进，不过日本的两艘航空母舰"翔鹤"号和"瑞鹤"号在准备空袭的时候，被厚厚的云雾遮挡了视线。

5月7日凌晨，日本军舰已经基本确定了美国舰队的方位，这时担任搜索任务的一架日军飞机报告，发现美军航空母舰、巡洋舰各1艘。于是从"瑞鹤"号起飞9架"零"式战斗机、轰炸机17架、鱼雷机11架，从"翔鹤"号起飞"零"式战斗机9架、轰炸机19架、鱼雷机13架，共计78架飞机，向发现的美军目标飞去。但是飞机到达目标海域上空时才发现，可疑目标并不是美军的航母编队，而是6日下午与弗莱彻分手的美国海军"尼奥肖"油船和"西姆斯"号驱逐舰。

这支由海军中将高木率领的日本航母编队，其主要任务是掩护攻击莫尔兹比港的日本两栖部队，因此阻止美国航空母舰向两栖部队发动攻击是其任务的关键，然而高木中将却让舰载机对美军的油船和驱逐舰发动了攻击，两船随即沉没。

弗莱彻与油船分手后向西航行，希望拦截日军的登陆部队，但是美舰没有发现日军的航母机动部队。黎明时分，"列克星敦"号上的一架巡逻机报告发现了2艘航母和4艘巡洋舰，弗莱彻以为这是日军的航母主力编队，决定全力歼之。由"列克星敦"号派出俯冲轰炸机28架、鱼雷机12架、战斗机10架，由"约克城"号派出俯冲轰炸机25架、鱼雷机10架、战斗机8架，共计93架舰载机飞向目标。但是到达目标区域后才发现是日军的2艘轻巡洋舰和2艘炮艇。这是一支日军登陆的掩护部队。尽管如此，美军还是发现了一个值得攻击的目标——"翔凤"号航空母舰。

"翔凤"号原名"剑崎"号，原来是日本海军战前建造的一艘潜艇供应舰，在设计和建造中都留有余地，战时可迅速改装为航空母舰。轻型航母主要用于为运输船队提供直接掩护，一般不参加与敌航母编队的海空战。因为轻型航母无论是舰载机数量还是本舰的防护能力都不如大型航母。"翔凤"号此次执行的就是这些传统任务，然而却冤家路窄地遇上美国海军的两艘大型航空母舰。93架美国战斗机和轰炸机进行了半个小时的轮番进攻，"翔凤"号中了13颗炸弹和7枚鱼雷，几分钟后就沉没了。"翔凤"号是日本海军在珊瑚海丧失的第一艘大型舰只。这次战役创造了整个大战期间击沉航空母舰的最快纪录，全舰800多名舰员，死亡635人，而美军只损失3架飞机。

日军攻击莫尔兹比港的部队由于失去了空中掩护，就转向折回了拉包尔。日军企图攻克莫尔兹比港的战役目的没有达成。应该说，这才是美军的最大胜利。

高木中将率领的日本航母编队虽然没有完成掩护任务，并丧失了首先打击敌舰的良机，但它并不甘心，决定让舰载飞机再次起飞，攻击美国航母编队。

但是，由于天空乌云密布，不时下着暴雨，海上能见度很低。日本飞行员没有找到美国舰队，在返航时不巧碰到了美军的战斗巡逻机，在混战中被美机击落8架鱼雷机和1架俯冲轰炸机。

剩下的日本飞机继续返航，在寻找己方的航空母舰时，正好路过美军特混舰队的上空，并误把"列克星敦"号当成日本的航空母舰。日军领队长机朝"列克星敦"号开始进入降落航线，不断发出识别信号，准备降落。凑巧，日本飞行员使用的信号跟美国飞行员使用的识别信号相似。美国人知道，美军的战斗巡逻机大部分已经返航降落，而此时上空却有大批飞机准备降落，数量上与美机不合，同时，一些日军飞机又没有遵守降落规则，还打开了航行灯。因此美军认定它们是日军飞机，几艘军舰随即开火。

日军飞机如梦初醒，赶紧关闭航行灯。原来这才是它们要寻找攻击的美军航母！"踏破铁鞋无觅处，得来全不费工夫。"猎物就在眼皮底下，真是千载难逢的大好攻击机会！可惜机上的炸弹和鱼雷都在刚才那场空战中忙着逃命全部扔掉了，只好钻进漆黑的夜空飞走了。

此时，美日双方都很清楚对方的存在，天一亮就会爆发一场恶战。

5月8日，双方的侦察机同时发现了对方的航母，"约克城"号和"列克星敦"号上起飞了15架战斗机、46架轰炸机和21架鱼雷机，共计82架飞机扑向日本舰队。美军发现日本的"翔鹤"号和"瑞鹤"号向东南方向行驶，两艘航空母舰相距13千米，各由两艘重型巡洋舰和驱逐舰护航。美国人开始组织进攻，"翔鹤"号出动了战斗机，"瑞鹤"号则躲进了下着暴雨的附近海域。美国的鱼雷机和俯冲轰炸机被"零"式战斗机冲散，彼此缺乏配合，鱼雷偏离目标，轰炸也进行得很盲目。只有两颗炸弹击中"翔鹤"号和"翔鹤"号的飞行甲板。十几分钟后，从"列克星敦"号上起飞的飞机赶了过来，但在厚厚的云层遮挡下没有发现敌舰。只有15架轰炸机发现了一个目标，由于缺少战斗机的保护，鱼雷机进攻再次失败，轰炸机只投中 1 枚炸弹。

"列克星敦"号由于装备了雷达，已经探明了敌人机群的进攻，日本鱼雷机首先飞临了美国的"约克城"号航空母舰，由于该舰进行了灵活的规避，日机的攻击未见成效。但是，两艘航空母舰都在进行规避，使两舰的距离加大，警戒舰只也一分为二，削弱了对空防御，给日机以可乘之机。日机对"约克城"号左舷投射 8 枚鱼雷，均被该舰避开，随后轰炸机对"约克城"号俯冲投弹，有 1 枚800 磅（约 363 千克）的炸弹击中了该舰舰桥附近的飞行甲板，但该舰仍然能够继续战斗。

日本鱼雷机在攻击美国"列克星敦"号航母时，成功地运用了夹击战术，从该舰舰首的两舷 15～70 米高度投射鱼雷，美国"列克星敦"号航母由于吨位较大，回圈半径较大，转弯不灵活，日机投射的 13 枚鱼雷中有 2 枚击中该舰左舷，使其锅炉舱有 3 处进水。正当"列克星敦"号拼命规避鱼雷时，日本轰炸机又开始对其进行轰炸，又有 2 枚炸弹击中目标。日本人终于为"翔凤"号报了仇。

"列克星敦"号航母由于被鱼雷和炸弹击中，产生了 7° 横倾，但该舰调整燃油之后，恢复了平衡，继续接纳返航的飞机着舰。可是由于燃油泄漏，"列克星敦"号机舱内突然发生爆炸，并引起大火，火势迅速蔓延，很快舰上的通信失灵，电动舵失灵，供电停止，航母机舱内漆黑一片，这时，如果不采取措施，机舱里的人只能葬身火海了，舰长命令机舱人员排掉高压蒸气，撤离到甲板上来。霎时，舰面又爆发出撕心裂肺的轰鸣声，势如翻江倒海，状如火山喷发，更增添了舰上的恐怖气氛。不久，消防管路失去水压，巨大的螺旋桨停止了转动，整个航母舰体已经没有了任何动力……舰长下令弃舰。17时许，美驱逐舰"费尔普斯"号奉命对其发射4枚鱼雷，"列克星敦"号航母沉没于风光旖旎的珊瑚海。216名舰员死于大火，降落到该舰的36架飞机也随之沉入大海。随即，美日双方指挥官都下令航空母舰编队撤出珊瑚海战区。

即将沉没的美国"列克星敦"号航空母舰

此役过后，美日双方军事家都一致认为：美国舰队的撤退是正确的，因为"列克星敦"号航母沉没，"约克城"号航母也遭重创无力再战，而且日航母舰队受到沉重打击，对莫尔兹比港的威胁已经消失。而日本人的撤退是错误的，尽管当时日本舰队已经受到打击，但它的情况比美国舰队要好得多，"瑞鹤"号航母仍完好无损，如果高木继续进攻，美国舰队将面临被全歼的危险。当晚，日本联合舰队司令山本五十六知道了日本舰队撤退的消息，勃然大怒，严令"应继续追击，歼灭残敌！"当高木舰队奉命回头追击时，美国舰队早已无影无踪了。

在珊瑚海海战中，美国和日本都遭受到很大损失。日本的轻型航母"翔凤"号被击沉，"翔鹤"号受重创，损失飞机77架。美国的损失更大一些，"列克星敦"号被击沉，"约克城"号受重创，还损失了1艘油轮、1艘驱逐舰和66架飞机。在这次海战中，日本死亡1 074人，美国死亡543人。

日本海军取得了珊瑚海大海战战术上的胜利，但是由于日本海军损失的飞机和飞行员无法立即得到补充，使日本的武力扩张第一次遭到遏制，被迫中止对莫尔兹比港的进攻。由于"翔鹤"号航空母舰受损，"瑞鹤"号航空母舰严重减员，削弱了日军即将进行的中途岛海战的实力。美国舰队成功地挫败了日本南下控制珊瑚海和澳大利亚海上通道的战略计划。打破了日本海军不可战胜的神话，这是一个使战略力量对比发生重大变化的事件。

从战略的角度看，珊瑚海海战无论是对美国、对太平洋战局，乃至对世界海战史都有深刻意义。尽管参加这次作战的军舰并不多，交战的规模不是很大，其激烈程度也不算很高，但珊瑚海海战是第一次航空母舰之间的决斗。众所周知，以往的海战中，都是双方的军舰接近到较近距离之内，用舰炮解决问题。珊瑚海海战则不然，双方出动军舰达到了95艘，却没有机会接近开炮或发射鱼雷，也没有进入对方的视线之内，而是从上百海里以外的远距离，用所携带的舰载机来取胜。珊瑚海海战再一次说明航空母舰已经成为海战中的核心力量。

05　中途岛海空决战

◇ ·····················

　　中途岛海战是太平洋战争的"战略转折点"。中途岛海战给人的启示是广泛而深刻的,但其中最引人注目的是侦察和情报战的精彩片段。中途岛海战的胜利实际上是美军情报的胜利。

　　日军偷袭美国太平洋海军基地珍珠港成功后,一举夺得了西太平洋的制海权。日本联合舰队司令海军上将山本五十六为了彻底摧毁美国的太平洋舰队,又制订了一份大胆的作战计划:"进攻中途岛,把美国的航空母舰彻底消灭掉!"

　　中途岛是太平洋上一个不起眼的小岛礁,由周长 24 千米的环礁组成。它的陆地面积只有 4.7 平方千米。该岛与美国旧金山和日本横滨均相距约5 200千米，处于亚洲和北美之间的太平洋航线的中途，故名中途岛。它距珍珠港2 100千米，是美国在太平洋上的前哨基地，是珍珠港，也是美国西海岸的大门。日本早就有人提出，要想占据太平洋，就要歼灭美国的太平洋舰队，占领海军基地夏威夷群岛和珍珠港，而只要攻陷中途岛，珍珠港就无险可守，唾手可得。美国将会因为失去这个太平洋上重要的海军基地，拱手让出太平洋。所以日本人认定，攻占中途岛就是夺取太平洋战场主导权的一把金钥匙，掌握了它就能顺利拿下美国太平洋最重要的基地——珍珠港，也就能打开攻击美国西海岸的大门。

但是，日本要攻占中途岛，也不是轻而易举的事情。日本偷袭珍珠港后，美国加强了对太平洋的侦察监视。1942年初春的一个早晨，在美国太平洋舰队珍珠港基地，电讯情报处处长J. 罗奇福特少校兴奋地看着由值班军官送来的一份刚刚截听到的日军密电的破译稿。译稿里有这么一句话："……看来，AF可能缺乏淡水。"这句话出现在日本人的密电里，说明敌人上钩了。

J. 罗奇福特少校是美国海军的一位日本通。欧战爆发以来，尽管日美尚未宣战，他领导的密码破译小组却一直注意着日本人在太平洋上往来的电报。珍珠港被袭之前，他们从截听的电报中，就估计到日本人可能会有异常行动，并及时报告了上司。但他的意见并没有得到当时美国太平洋舰队司令官金梅尔将军的重视。珍珠港被袭之后，两三个月内，J. 罗奇福特少校从截听的日军电报中，多次发现日本人提到AF，这引起了他的注意。但AF指的是什么呢？J. 罗奇福特少校凭着敏锐的情报意识，感觉日本人指的很可能是太平洋上的中途岛。为了谨慎从事，J. 罗奇福特少校设下一计，让日本人亲自来帮他验证这一判断。J. 罗奇福特少校请美军驻中途岛海军司令用显然能让日本人破译的密码拍了一份假电报，谎称中途岛上的淡水设备发生故障，请上级帮助解决。现在，从日本人的密电中果然提到 AF 可能缺乏淡水……这样，AF 之谜顿时解开了。

"日军密电中的 AF 指的是中途岛，日军即将进攻中途岛！" J. 罗奇福特少校向美军太平洋舰队司令尼米兹将军报告。

到 5 月中旬，美国的情报机构不仅了解到日本海军正在计划的重大行动目标是中途岛，而且还相当准确地弄清了日本在这场作战中使用的兵力。但是，对美国人来说，获悉敌人的作战计划仅仅是第一步，还得用血的代价进行一场恶战，才能夺取胜利。

日军中途岛作战计划是：6 月 4 日攻击阿留申群岛西部要地，轰炸岛上的美国军事设施，牵制岛上美军。出动隐蔽在中途岛西北的主力航空母舰上的飞机对中途岛实施空袭，摧毁中途岛上美军航空兵力、防御设施和歼灭附近的敌军水面兵力，水上飞机母舰占领中途岛西北 110 千米的库雷岛，直接支援中途岛登陆作战。可以看出，日本海军的这一方案，可以同时达到占领中途岛和诱歼美舰队的主要目的。这样一支可怕的海上攻击力量，经过周密的布置，看来是万无一失了。然而，如此重要的计划，日本人竟然采用原来的密码通信，直到这次行动布置完毕，才更换密码。正是这小小的失误，决定了整个大海战的结局。

J. 罗奇福特的情报，使美国太平洋舰队司令尼米兹将军不仅弄清了参与中途岛行动的兵力，而且对参战部队的舰长姓名，舰队的运动路线、设伏地点、行动时间都了如指掌。

尼米兹

尼米兹上将 1905 年毕业于美国安纳波利斯海军学院。珍珠港事件后，他受命于危难之中，来到夏威夷司令部接替金梅尔成为美国太平洋舰队的司令官。当时的珍珠港满目疮痍，人心涣散。他做的头一件大事，就是要使美国人重新振作起来，敢于和当时还很强大的日本法西斯作战。尼米兹上将根据日本海军舰船的活动动向，制订了对付日军舰队的周密的计划。尼米兹上将十分冷静地说："日舰队强大，我们只能智取，不能硬拼!"尼米兹上将调兵遣将，把三艘美军航空母舰埋伏在中途岛东北的海面上。他准备集中兵力歼灭南云中将的日本航母机动部队。

本来，日本人要对美国设伏，对美国搞突然袭击，现在却变成了美国舰队设伏，对日本搞突然袭击，这大大增加了这场大海战的戏剧性。

1942年5月27日这一天，是日本的海军节。清晨6时，日本联合舰队司令海军上将山本五十六乘旗舰"大和"号战列舰率8艘航空母舰及200多艘其他战舰、700多架飞机，扑向美军在太平洋上的重要军事基地中途岛。

6月4日凌晨，日军舰队急先锋南云中将率四艘航空母舰逼近了中途岛海域。他见美军没有动静，立即发出第一道命令："出动飞机，轰炸中途岛上的美国飞机！"

航空母舰上的探照灯打开了，组成第一攻击波的144架飞机在15分钟内从四艘航空母舰上同时起飞，迅速飞向中途岛。

这时四艘日本航母上的飞行甲板上摆满了第二攻击波的108架飞机。这是南云海军中将手中的一张王牌，也是整个日本海军航空兵的精华。南云准备专门用它来对付美国特混舰队。南云中将站在舰桥上，焦急地等待着前方空中的指挥报告。

日军飞机飞抵中途岛上空后，却见停机坪上没有飞机，知道中计了。这时，早已升空的美军飞机和地面高射炮对准日军飞机发起了猛烈的攻击。前方日军空中指挥向南云中将发回急电："我们遭到攻击，快出动第二攻击波支援我们！"

4时整，从中途岛美军机场上起飞的岸基飞机向"赤城"号航母发起攻击。"赤城"号舰桥上的瞭望哨报告："来了6架敌机，右舷20度。"

　　"赤城"号航母上的高射炮立即开火射击，但是没有击中一架。此时，3架从"赤城"号上紧急起飞的"零"式战斗机，冒着自家的炮火，勇猛地扑向敌机。顿时，3架美军轰炸机被击中起火，栽入海中，海面上被激起巨大的水柱。其余3架美军飞机并未退缩，逼近了"赤城"号航空母舰，并从空中发射鱼雷，然后从右向左在"赤城"号航母头上一掠而过，差点撞上了舰桥。它们投下的鱼雷像水蛇一样拖着一丝白色的航迹从"赤城"号左舷舰首一擦而过，把站在舰桥上的南云中将惊出一身冷汗。"赤城"号航母从参战以来，还没有如此危险过。因此南云中将决定，为了确保舰队平安，必须把中途岛的轰炸机全部摧毁！于是他命令，把对付美舰队的第二攻击波的飞机改为进攻中途岛，把飞机的鱼雷卸下换上炸弹。南云的命令一下，地勤人员立即行动起来，用最快速度把甲板上的轰炸机送回机库，再重新换上重磅炸弹。

日本"赤城"号航空母舰

此时，日军第一攻击波飞机从中途岛返回航空母舰，然而战局发生了突变。5时20分左右，一架日本侦察机发回一份特急电报，电报的内容是："距离中途岛240海里（约444千米），方位10度，发现美国航空母舰……"

这是一份具有决定意义的报告，原来以为不可能出现的美国航空母舰终于出现了。这一发现，彻底打乱了南云中将先前的计划，使他处于进退两难的境地。"赤城"号航母上攻击敌舰队的轰炸机已经换成了800千克重的炸弹，虽然也能对敌舰队进行攻击，但效果不如鱼雷。就在南云中将犹豫的时候，"飞龙"号航空母舰的司令长官山口少将向南云中将提出："我认为应该让攻击部队起飞！"

南云中将没有接受这个建议。他不愿意用没有鱼雷的飞机，冒着没有空中掩护的危险发起攻击。他认为这是得不偿失的事情。他决定，首先回收第一攻击波的战斗机，把轰炸机上安装的炸弹再换成鱼雷。与此同时，为防敌进攻，部队暂时撤到敌军岸基飞机的攻击范围之外，等做好一切准备后，再转过来全力进攻，全歼美军特混舰队。

"赤城"号航母上疲惫不堪的地勤人员开始清理甲板，做好接收战斗机的准备。一架架刚换上炸弹、整齐排列在甲板上等待起飞的飞机，不得不再次回到甲板下的机库中改装鱼雷。运载飞机快速上下的升降机在慌乱中发出刺耳的警铃声，卸装炸弹的地勤人员忙得晕头转向，汗流浃背。由于来不及把卸下的炸弹送回安全的弹库，便顺手扔在了机库旁边。真是忙中出错，乱中生灾，就是这些炸弹后来被美军投下的炸弹引爆，导致了"赤城"号航空母舰的自我毁灭。

7 时 20 分，"赤城"号航母的飞行甲板上，全部飞机已经发动了。庞大的航空母舰开始逆风航行。5 分钟之内，全部飞机都可以起飞。南云中将站在舰桥上镇静地指挥着他庞大的舰队，他知道，一旦他的强大机群起飞，美军的特混舰队是无法抵挡住他的进攻的，他现在终于攒足了劲，要把美国人的航母砸个稀巴烂！5 分钟，只需要 5 分钟，他就可以大功告成了。

突然，瞭望哨紧张地喊道："敌机！"

这一声喊，犹如晴天霹雳，把甲板上的人都惊呆了！当他们抬起头来，看到 3 架黑色的美军鱼雷机朝着"赤城"号航空母舰俯冲下来。

日本航空母舰上的"零"式战斗机慌忙起飞迎战。同时，舰上的高射炮也向美军鱼雷机猛烈开火。美军鱼雷机纷纷施放鱼雷，日本航空母舰疾速急转，规避射来的鱼雷，使鱼雷无一命中。而美国飞机却一架接一架地被击落，日本航空母舰上响起了一片狂热的欢呼声。

美国 TBD 鱼雷机

　　然而，日本人高兴得太早了，美军鱼雷机勇敢地牺牲自己，是为了吸引日军"零"式战斗机和日军舰艇上的高射炮火，使54架美国"无畏"式俯冲轰炸机顺利地飞抵日本航空母舰的上空。当日军发现美军轰炸机时为时已晚。美军轰炸机急速从高空俯冲下来，向日本航空母舰"赤城"号、"加贺"号和"苍龙"号发起了攻击。顷刻间，重磅炸弹向它们倾泻而下。

　　谁也没有料到，这短暂的5分钟，使战争胜负的天平来了一个大倾斜！南云丧失了这5分钟，就丧失了他的整个舰队，也永远丧失了日本人在太平洋上的主动权。如果是美国人丧失了这5分钟，也许整个太平洋战争的历史将会重写……

　　南云中将的旗舰"赤城"号航空母舰被两枚炸弹击中，一枚落在升降机后部，另一枚击中飞行甲板左舷后段。顿时，舰上浓烟四起，火焰乱窜。

　　大火很快将"赤城"号航空母舰的舰桥包围，其实，在正常情况下，这两颗炸弹对这艘巨大的航空母舰不会造成致命的损伤，只要控制住火势，经过短时间的抢修和清理，马上就可以继续作战。但是堆放在航母机库旁的炸弹被引爆了，惊人的爆炸声此起彼伏，致命的碎片到处飞舞，炽热的大火从舱内喷出，四处蔓延。"赤城"号航空母舰开始慢慢下沉。南云中将在随从的帮助下，爬上舰桥窗口，捋着绳子滑落到"长良"号巡洋舰上，才总算保住了性命。

　　排水量38 200吨的"加贺"号航空母舰被四枚炸弹命中，整个舰桥和四周的甲板燃起了熊熊烈火，甲板上的飞机被烈焰吞没，舰长冈田次作大佐当场死亡。

排水量 15 900 吨的"苍龙"号航空母舰被三枚炸弹命中，油库和弹药库发生爆炸。

10 个小时后，三艘日本航空母舰先后沉没。排水量 17 300 吨的"飞龙"号航空母舰躲过了美国轰炸机的袭击，在山口少将指挥下，24 架飞机急速从舰上起飞，向美国航空母舰"约克城"号扑去。

日军飞机在大批美军战斗机的截击下，被击落 19 架，但仍有 5 架突破火网，冲向"约克城"号航空母舰。转眼间，"约克城"号航空母舰中弹三枚，舰身起火，失去了动力。

消息传来，美国太平洋舰队总司令尼米兹上将十分愤怒。"出动全部飞机，击沉'飞龙'号。"尼米兹上将发出命令。

日本"飞龙"号航空母舰上仅剩下 15 架飞机了，它虽然成功地避过了 26 枚鱼雷和 70 枚炸弹的攻击，但舰员早已疲惫不堪。

当首批 13 架美国俯冲轰炸机向"飞龙"号航空母舰扑来时，山口海军少将指挥"飞龙"号航空母舰再次成功地避开了炸弹。然而，后面更多的美国轰炸机俯冲而来，"飞龙"号航空母舰终于中弹四枚，失去了动力。山口少将把自己绑在舰桥上，命令日本驱逐舰"风云"号和"夕阳"号向"飞龙"号航空母舰发射鱼雷，在阵阵爆炸声中，"飞龙"号航空母舰开始下沉。

在偷袭珍珠港战役中不可一世的四艘日本航空母舰全部沉没的消息传到日本海军联合舰队司令部后，山本五十六感到天旋地转，他做梦也没有想到，会是这样的一种结果。他痛苦地向日本舰队发出了命令："撤销中途岛作战计划，全军撤退！"

中途岛大海战给人的启示是广泛而深刻的，但其中最引人注目的是侦察和情报战的精彩片段。战后，尼米兹上将直言不讳地赞扬说中途岛海战的胜利实际上是情报的胜利。

其实在太平洋战场上，日军也是千方百计地想办法破译美国人的密码，但是他们想尽办法也没能破译，这是为什么呢？原来，美国海军在国内秘密征召了29名印第安纳瓦霍族人入伍。纳瓦霍族人的语言没有书面形式，而且该语言的语法和音质对于非印第安瓦霍族人而言几乎是无法学习的。美国海军在征召印第安纳瓦霍族人入伍前，特请有关专家进行过秘密评估，这些纳瓦霍族人的语言，对于外族人无异于"鸟语"，非常难懂。而这些纳瓦霍族人很聪明，经过短时间学习与培训，可以在20秒钟内完成将一条3行长的信息加密、传输、再解密的全过程，而当时的其他密码加密装置则需要30分钟才能完成同样的过程。这是一件很了不起的事，震惊了当时的美国海军高层。而且美国军方情报机关秘密调查了解到，世界上只有少数非印第安纳瓦霍族人，能熟练使用这种语言，而这些人当中没有一个是日本人。于是，美国海军将这些纳瓦霍族人训练成专门的译电员，人称"风语者"。2014年6月4日，美国最后一名"风语者"切斯特·内兹去世，终年93岁。

06　　　　　　　　　　瓜岛争夺战

◇ ·················

　　一个默默无闻、与世隔绝的小岛，却因美日双方空前激烈残酷的争夺，而被重重地写在了第二次世界大战的战史上。

　　在波涛汹涌的西南太平洋上，有一座美丽的小岛就是瓜岛，即瓜达尔卡纳尔岛，它位于太平洋上所罗门群岛的南端，东西长约150千米，宽40千米，陆地面积约为5 336平方千米，是所罗门群岛中最大的一个岛屿。岛上多山，地势崎岖，森林密布，水流湍急，人迹罕至。各类珍禽异兽在热带多雨的原始森林中自由自在地生活着，从来没有人去打扰它们。然而，由于该岛北部海岸拥有一块又大又硬的平地，十分适合建造飞机场，这使瓜岛成为美日争夺的焦点。而且它位于澳大利亚的门户，因此地理位置十分重要。第一次世界大战后，瓜岛一直是美国属地，太平洋战争爆发后被日军占领。

日军在中途岛惨败后，对作战计划重新做出了很大的调整。日军将进攻的目标转向了南太平洋，计划夺取新几内亚的莫尔兹比港和所罗门群岛。日军首先准备在瓜岛修建飞机场，建立空军基地，要把瓜岛建成南太平洋上不沉的航空母舰，以扩大日本海军在南太平洋的作战区域，掩护对莫尔兹比港的进攻。最后直逼澳大利亚，以此夺回战略主动权。

美军虽然取得了中途岛海战的胜利，使中太平洋地区的局面趋于稳定，但在南太平洋，仍比较被动。所以美国人也看中了瓜岛。若美军占领瓜岛，瓜岛既可以成为遏制日军南侵的战场，也可以成为进攻日本本土的跳板。

1942 年 7 月 2 日，一架美国的远程侦察机在返航途中发现日本人正在瓜岛上建造飞机场，如果瓜岛上的飞机场建成，将严重威胁到美国至澳大利亚的海上交通线。于是美国决定首先登陆瓜岛，占领日本的飞机场。

1942 年 7 月 31 日，由特纳海军少将率领的登陆运输编队、克拉奇利少将指挥的掩护编队、弗莱彻中将指挥的特混舰队，开始向瓜岛进发。

8 月 7 日清晨，美军舰队到达瓜岛，登陆瓜岛的战斗打响。首先，美国军队对瓜岛发起了十分猛烈的轰炸和炮击。此时岛上的日本人没有丝毫的防备，在睡梦中被炸得血肉横飞，岛上许多日军的重要目标被摧毁。两小时的炮击后，部队开始实施登陆，几乎没有遇到什么抵抗，美军就成功登上了瓜岛，并向岛内纵深进攻。8 日下午，美军占领高地，在机场的日本工兵仓促地向西退去，逃入原始森林中。美军未经战斗就占领了机场，为了纪念在保卫中途岛战役中牺牲的美国海军陆战队亨德森少校，机场被取名为"亨德森"机场。

日本联合舰队司令官山本五十六获悉美军攻占瓜岛后，决定把重整瓜岛作为南太平洋作战的第一个目标，下令组成一支东南地区舰队向瓜岛进攻，瓜岛海战的规模迅速扩大。

在美军对瓜岛进行登陆作战时，美日空军在瓜岛上空也展开了一场大战。日军派出 24 架轰炸机飞向瓜岛，27 架"零"式战斗机护航。这些飞机在离瓜岛还有一个多小时的航程时被美军发现，美军立即以 6 架"野猫"式战斗机迎战，结果"零"式战斗机被打得七零八落，日军轰炸机多架被击中起火，未被击中的飞机则仓皇逃窜。

日军在受挫后，又组织第二次空战。这次 45 架轰炸机在"零"式战斗机的护航下，又来飞袭瓜岛，成吨的炸弹投到运送补给的美军舰船上，海滩上一片火海。在美军高射炮的猛烈轰击下，日军飞机遭受到惨重损失，只有一架日军轰炸机得以逃脱，其余全部被击落。

当天午夜时分，日本海军的 8 艘战舰在三川军一的率领下在茫茫的雨夜中直趋瓜岛。"准备战斗！"三川军一命令："左舵，减速22 节（约 41 千米/小时）。"

三川军一率领的舰队像一把尖刀插进美国舰队的中心，和珍珠港事件一样，美舰十分麻痹大意，虽然雷达发现了一架日机，但以为无关紧要没有理睬，因此日军的侦察机在美军舰队上空盘旋了一个半小时却没有引起美军的注意。对于日机的袭击，美军舰长始终以为是自己飞机的误炸。而且日军由于夜战训练有素，战斗仅进行了半个小时，美军就有4艘巡洋舰被击中起火，相继沉没。此外，美军还有1艘巡洋舰、2艘驱逐舰受到重创，被打死或淹死1 270人。而日军只有2艘巡洋舰受伤。

面对这种有利的战局，日军如果乘胜追击，那么全歼瓜岛的美军运输舰队将会如囊中取物。但是，就在这关键时刻，凌晨2时20分，三川军一撤退了。因为日军不知道美军的航空母舰已经撤走，它担心天亮后受到美国航空母舰上飞机的攻击，所以日本舰队没有乘胜追击，而是选择了撤退。由于没有空中掩护，剩余的美舰和运输船队也撤离了瓜岛地区。

这次海战是美国海军蒙受的最惨重的失败之一，美军有4艘巡洋舰葬身瓜岛海域，美军舰队的撤走，使日军有可能以优势兵力重新夺回瓜岛。面对这种局势，岛上的美军立即构筑工事，布置好防御力量，准备抵抗日军的进攻。

8月9日至12日，日军开始进攻瓜岛。首先用飞机进行空中轰炸，重达230千克的炸弹碎片在灌木丛中乱飞，岛上腾起冲天的浓烟和熊熊大火。接着，日军的巡洋舰和驱逐舰又对瓜岛进行了两次猛烈轰击，炮击后迅速返航。这让岛上残留的日军受到了鼓舞，当即组织反击登陆的美军，由于美军的防御组织有序，日军的反击没有取得任何进展。

日本联合舰队司令官山本五十六试图将美国航空母舰诱入瓜岛海域，然后彻底消灭美军航母，以雪中途岛惨败之耻。为此，他调集了一支拥有 3 艘航空母舰、3 艘战列舰、5 艘巡洋舰和 8 艘驱逐舰的强大日本海军舰队，于 8 月 17 日到达所罗门以北海域待命，准备和美军航空母舰决一死战，争取在 8 月底前夺回瓜岛。

美军也开始调兵遣将，就在美军做大规模海战部署时，日军已经先行一步。1 000 名日军的先头部队，分别乘 6 艘驱逐舰向瓜岛进发。18 日，这些日军在瓜岛美军阵地的东部登陆后，不等后续部队到达，即向岛上的飞机场发起攻击，结果在美军优势兵力的反击下大部分被歼。日军先头部队瓜岛受挫后，日军大约 1 500 人再次准备在瓜岛登陆。山本五十六采取了三步诱敌战术：一是在瓜岛东南面布下一道由几艘潜水艇构成的警戒屏障，将日本海军主力集结在南所罗门群岛以北约 200 千米的海面；二是以"龙骧"号轻型航空母舰做诱饵向前航行，企图趁美军航空母舰舰载机攻击"龙骧"号时，以日军主力航母上的飞机击沉美军的航空母舰；三是以战列舰、重巡洋舰和驱逐舰组成庞大的护航舰队，消灭美军陆战队，夺回岛上飞机场。但是，日军的行动企图被美军侦察机和澳大利亚的观察哨发现了，美军立刻出动第 61 特混舰队迎战。

8 月 24 日，双方在瓜岛东南海域展开瓜岛战役的第二次海战。这次海战美军称之为"东所罗门海战"。

战斗一开始，作为诱饵的"龙骧"号即被击沉。之后美军的"萨拉托加"号和"企业"号航空母舰悄悄地向日本舰队开去。这时日军的南云中将以为美军都在攻击"龙骧"号，不禁喜形于色，于是下令舰载飞机立即起飞攻击美国航空母舰。

其实，"企业"号航母上的53架"野猫"式战斗机根本没有去攻击"龙骧"号，他们和击沉"龙骧"号的飞机会合，在空中等待日军飞机的到来。半小时后，日军百架轰炸机和战斗机呼啸着冲了过来，双方展开了激烈的空战。与此同时，美军航空母舰上的舰炮也对准日军飞机猛烈开火。顷刻间，日军有90架飞机被击毁，其余飞机仓皇逃走。

尽管在东所罗门海战中，双方都遭受了很大的损失，然而不甘失败的日军仍然在海上寻找战机。日本海军的4艘航空母舰开始南下，寻找美国航空母舰决战。

10月26日凌晨，美军侦察机在圣克鲁斯岛海域发现日本海军的舰队。6时50分，从"企业"号起飞的飞机击沉了"瑞凤"号航空母舰。9时50分，日军飞机发现了美军的"大黄蜂"号航空母舰，于是集中火力攻击"大黄蜂"号航空母舰，5颗炸弹命中甲板，海水涌入锅炉舱，"大黄蜂"号航空母舰开始倾斜，失去航行动力。与此同时，从"大黄蜂"号航母上起飞的轰炸机群也突破日军的空中防御，重创日本的"翔鹤"号航母。

不久，美国的"企业"号航空母舰也被日军飞机发现，飞行甲板被三枚炸弹命中。第一枚炸弹发出刺耳的尖叫，斜着落向"企业"号航母的甲板。定时穿甲弹穿过第一层甲板时并未爆炸，直到钻入第二层甲板的水手舱时，才发出惊天动地的巨响，导致舱里的人员当场死亡。1分钟后，第二枚装有瞬发雷管的炸弹，命中了

"企业"号航母舰艉升降机的右侧。橙色的火花四溅，紧靠爆炸点的人，顿时血肉横飞。第三枚炸弹将起飞信号台炸飞，导致"企业"号航母甲板上烈焰冲天。航母上的消防人员干得十分出色，不到一小时，"企业"号航空母舰上的大火被扑灭，航速开始恢复。虽然身负重伤，但"企业"号航空母舰仍然能掉转舰首，迎风顶浪，接收返航的飞机。弗莱彻下令，1 艘巡洋舰和 4 艘驱逐舰为"企业"号航空母舰护航，驶往大本营珍珠港进行修理。

没有飞机掩护的美军"大黄蜂"号航空母舰由 1 艘巡洋舰拖着，以 5.6 千米/小时的速度缓慢航行。15 时 15 分，6 架日军鱼雷机向"大黄蜂"号航空母舰再次发起攻击，并将其击沉。至此，美军在太平洋地区的航空母舰全部失去了战斗力。

这次战役，日军和美军各有损伤，基本不分胜负。美军虽然遭受了惨重损失，但也取得了重大战果，击毙了日本海军大批训练有素的飞行员，从而迫使日本联合舰队不敢继续留在圣克鲁斯海域，粉碎了日本陆海军联合攻占瓜岛的企图，山本大将用一次舰队决战歼灭美军舰队的梦想也变成了泡影。

虽然日本人在海上取得了胜利，但不能代替陆战的胜利。亨德森机场仍然掌握在美国人手中。美军一次又一次地打退日军的进攻，牢牢地控制住岛上飞机场，并使日军伤亡人数 10 倍于美军。最后，付出了 24 000 名士兵和 1 000 多架飞机代价的日本人，仍然没有将亨德森机场拿下来。面对巨大的伤亡以及源源不断的美军增援部队，日军只能选择放弃。

实际上，在瓜岛上的日本陆军士兵所面临的最大困难不是美国军队的反击，而是饥饿和疾病。由于长期补给不足，岛上日军士兵的体力消耗殆尽，食品极度匮乏，甚至连蚊子都吃；岛上热带疾病流行，伤病员因为缺乏药品，大量死亡。每天因为疾病、饥饿而死的人，多达百人。如果让这种情况再继续下去的话，即使没有美国军队的进攻，日本守军也会被疾病和饥饿所消灭。

1943年1月4日，日军不得不下达了从瓜岛撤退的"K号作战"命令。于是日军想尽办法转移美军的注意力，直到2月1日，20艘日本驱逐舰经过3个晚上的快速撤运，将日本陆军1.2万名饿得半死的幸存者撤出了瓜岛。等到岛上的美军增加到5万人，并于2月初完成了对日军的钳形攻势时，美国人才发现他们的对手早已不知去向了。历时半年的瓜岛争夺战就此结束。在这场旷日持久的战役中，美日海军各损失航空母舰2艘，参战的6万名美国陆军和海军陆战队官兵有1 600人阵亡、4 200人受伤，损失军舰24艘、运输船3艘、飞机约250架。日军参战3.6万人，阵亡及失踪1.4万人，病死9 000人，被俘1 000人，损失军舰24艘、运输船16艘、飞机892架。

在瓜岛战役失败后，海军大将山本五十六在参谋长宇垣缠的激励下决定前往南太平洋前线视察，以便鼓舞士气。1943年4月14日，美国海军情报部门截获并破译了含有山本行程详细信息的电文，包括到达时间、离埠时间和相关地点，以及山本即将搭乘的飞机型号和护航阵容。上述电文显示山本将从拉包尔起飞前往所罗门群岛布干维尔岛附近的野战机场，时间是1943年4月18日早上。

尼米兹与南太平洋战区指挥官哈尔西商量后，在4月17日批准了拦截并击落山本座机的作战计划。

一个中队的美军战斗机受命执行拦截任务，18 位从三支不同的飞行部队中精选出来的飞行员被告知他们即将拦截一名"重要的日军高级军官"，但并未得知具体姓名。4 月 18 日早晨，山本五十六不顾当地陆军指挥官关于遭伏击风险的劝告，搭乘两架日军运输机从拉包尔按时起飞，计划飞行 315 分钟。不久，18 架加挂副油箱的美军战斗机从瓜岛机场起飞。经过 690 千米无线电静默的超低空飞行，有 16 架到达目标空域。9 时 43 分，双方编队遭遇，6 架护航的"零"式战斗机立刻开始与美机缠斗。

美军飞机集中攻击了两架日军运输机的第一架，事后证明是舷号 T1—323 的山本座机。美军战斗机死咬住第一架飞机不断地射击，直到敌机引擎开始冒出黑烟。在他们转而攻击另一架运输机时，山本的座机坠落到丛林中。

第二天有一支日军搜救小队找到了这个地点，带队的是日军的一名工兵中尉。据该中尉回忆，山本的遗体位于飞机残骸之外的一棵树下，他仍旧坐在座椅之上，戴着白色手套的双手挂着他的日本军刀。

这次任务成为第二次世界大战中持续时间最长的战斗机拦截任务。在日本，山本阵亡的事件被称为"海军甲事件"。日本当局一直拖到 1943 年 5 月 21 日才公布山本的死讯，朝野震惊。对于被宣传机构蒙骗，以为日军自开战以来不断高歌猛进的日本民众来说，山本之死所造成的精神打击是难以估量的。日本政府也因此被迫承认美军的战争能力正在迅速恢复，甚至开始反击。

07　　　　　　　　　　马里亚纳"猎火鸡"

◇ ·······················

　　在东京以南一千余海里浩瀚的洋面上，有一串自北向南呈弓形延伸，形成一条绵延约 740 千米呈弧状的岛屿——这就是马里亚纳群岛。其中最大的岛屿为关岛、塞班岛、提尼安岛和罗塔岛。该群岛 1565 年起成为西班牙的属地，为纪念西班牙国王菲利普四世的马里亚纳王后，被命名为马里亚纳群岛。第一次世界大战中，日本以"委任统治地"的名义将这些岛屿占为己有，并于太平洋战争爆发后的第三天，即 1941 年 12 月 10 日占领关岛。该群岛是保卫日本本土的重要门户，也是美军向西太平洋和远东发展进攻的必经之地。其战略位置十分重要。

　　美军在取得了瓜岛争夺战的胜利后，经过一年半的艰苦奋战，终于扭转了战争初期的不利局面，从战略防御转为战略进攻。

　　美国凭借着强大的工业实力，使得太平洋舰队的实力大大增强。1943 年秋季，美国太平洋舰队已经拥有 6 艘航空母舰和大量的轻型以及护航航空母舰，还有许多大型的战列舰、巡洋舰。同时，性能优良的"地狱猫"式战斗机装备部队，使美军掌握了制空权。

　　为了加强对日本本土的轰炸，从根本上打垮日本军国主义，美军必须为波音 B—29 型"超级空中堡垒"，寻找一个合适的机场。而处于日本内防御圈上的马里亚纳群岛正符合美军的要求。马里亚纳距日本南部 2 000 多千米，而作战半径 3 000 多千米，从马里亚纳群岛起飞轰炸日本本土，对于 B—29 型轰炸机来说是很轻松的事情。所以，美国决心占领马里亚纳群岛。

　　夺取马里亚纳群岛的重任落在了美国太平洋舰队司令尼米兹手下的得力干将、中途岛海战英雄斯普鲁恩斯中将身上。瓜岛战争后，斯普鲁恩斯指挥其部队在短短几个月内，就夺取了吉尔伯特群岛和马绍尔群岛。1944 年 5 月，斯普鲁恩斯中将挥师西进，逼近了马里亚纳群岛。斯普鲁恩斯海军中将手下的两栖部队有 12.7 万人，由 600 余艘舰船输送。

　　由海军中将雷蒙德·特纳、海军陆战队少将霍兰德·史密斯指挥的北方攻击部队，计划于 6 月 15 日夺取塞班岛，然后乘胜前进，攻占临近的提尼安岛。由海军少将理查德·康诺利、海军陆战队准将罗伊·盖格指挥的南方攻击部队，计划于 6 月 18 日攻打关岛。

　　6 月 9 日，海军中将米切尔率第 58 特混舰队兵临塞班岛。米切尔中将建议将例行的出击时间从清晨改为午后，以便出其不意地炸毁马里亚纳岛上的机场。总指挥斯普鲁恩斯批准了米切尔的请求，一连两天，空袭收到了预期的效果，炸毁124架日机和20艘出入塞班岛的日本运输舰船。第三天空袭时，为第58舰队提供防御屏护的战列舰部队在海军中将威利斯·李的率领下驶近塞班岛，用火炮轰击海岸，掩护扫雷舰艇清扫登陆通道。

6月15日清晨，美国海军陆战队指挥官史密斯中将指挥两个师共两万余人，于8时30分开始对塞班岛的大举登陆，与守岛日军展开了殊死拼杀。此时，日本联合舰队新掌门人小泽中将，急忙命令舰队全速前进。尼米兹上将得知日军舰队中有三年前偷袭珍珠港的"翔鹤"号和"瑞鹤"号时，做出了坚决击沉这两艘日本航母的决定。米切尔中将率领庞大的第58特混舰队，在波涛汹涌的马里亚纳西部海域待命，等待日军舰队的到来。

小泽怎么打马里亚纳这一仗呢？他的计划是凭借着日本经过改进的轰炸机和鱼雷机，将作战半径延伸到750千米，而美国的"地狱猫"式战斗机受续航能力的限制，仅能在370～580千米的范围内作战。因此，小泽决定从700千米的距离上实施第一次进攻，给美军舰队先发制人的打击。然后趁乱再发起370～460千米的进攻。这就是小泽自鸣得意的外围歼击战术。他认为该计划是一个完美的计划，他准备利用日本在关岛、罗塔岛等地设有航空基地的地利之便，将舰队部署在美国舰载机打击半径以外。同时，日本舰载机起飞攻击美舰队后，飞行至罗塔岛与关岛等地加油挂弹，准备下一波攻击，实施所谓的"穿梭轰炸"。这样可以大大增大日本舰载机的打击范围，而美国航母上的飞机则无法攻击日本舰队。同时，小泽也寄希望岸基飞机助他一臂之力，来抵消美国舰载机的数量优势。可是马里亚纳群岛日本守军指挥却隐瞒了大部分岸基飞机已经被美国人的战机摧毁的事实，未告知小泽真实情形，使他无法掌握日军与美军的飞机实力对比。

19日上午，正当美国第5舰队不断搜索日本小泽舰队行踪之际，小泽中将已经抢先发现了美军舰队，并筹划好了对美军发起攻击的计划，企图以大量的舰载机一举击破美军的空中防线。当时的整个形势对日本人来说还是有利的。因为当时所发现的美国舰队与小泽舰队前卫相距约为550千米，与小泽主力相距约为750千米，这正是小泽中将梦寐以求的先发制人的理想打击距离。更令小泽庆幸的是，由于美国人的侦察机巡逻半径比较小，美军还没有发现小泽舰队。于是，小泽中将一声令下，日本航空母舰立即逆风行驶。甲板上飞机的引擎瞬间发出雷鸣般的轰鸣，决战的时刻来到了。

战斗进程按照小泽中将的作战计划顺利展开：清晨7时30分，第一攻击波包括48架战斗机、54架轰炸机、27架鱼雷攻击机组成的庞大机群，从日本航空母舰的飞行甲板上腾空而起，向美舰杀去。紧接着，第2航空母舰战队和第3航空母舰战队的30架战斗机、15架轰炸机和72架俯冲轰炸机，也全部升空。就这样，第一攻击波由246架各型战机组成的庞大机群，杀气冲天地向美国舰队扑来。上午10时整，第二攻击波的82架飞机又呼啸着向美国舰队冲去。11时10分，第三攻击波的69架攻击机，又开始了向美国舰队的第三次冲击。

小泽孤注一掷地先后发起了三次共由近 400 架飞机组成的攻击波。当首批飞机全部起飞后，旗舰上的小泽司令官、吉村参谋长都面带喜色，确信好久没有的举杯祝贺的机会终于又要来到了，他们坚信这将是日本海军具有历史意义的一天。

可是，有一点却是小泽司令官万万没有想到的，这就是美国人新近装备的先进舰载雷达，使小泽想象中完美无缺的外围歼击战术化为泡影。当日军第一攻击波的 246 架飞机渐渐飞抵距美国航空母舰编队 280 千米位置时，"列克星敦"号航母上的舰载雷达早已发现了它们。

米切尔中将立即下令出击，300 多架美国舰载战斗机紧急起飞。不一会儿，在距美军舰队 130 千米的西部海面上空，日美双方爆发了历史上规模空前的大空战——马里亚纳海空战。

在密集的弹雨中，刹那间日军的飞机就被打得七零八落。美机射出的 12.7 毫米口径的燃烧弹、穿甲弹，打中日军飞机立即起火。而日军飞机的机枪子弹只有 7.7 毫米口径，除非击中要害部位，否则对安装有防弹装甲的美军飞机根本不起作用。10 分钟后，第一攻击波的日军飞机几乎全部被击落。

日机第二攻击波再度被美国战机拦截，美国"地狱猫"式战斗机围着技术欠佳、性能落伍的日军飞机穷追猛打，上演了一场空中大屠杀。至少有 70 架日军飞机在这波拦截战中被美军飞机击落。空战最激烈时，竟有近 20 架日机同时中弹起火。参战日军飞机数量上虽然与美军不相上下，但因前一个时期的空战，使空战经验丰富的日军飞行员大量减员，这次补充的多是刚刚从日本航校临时抓来的学员，不仅驾驶技术不过关，而且毫无实战经验。一架架日军飞机，就像被猎枪打伤的水鸭子，"噼里啪啦"地直向海里扎，而美军飞机几乎未受损失。在战斗中，美军战斗机如同牧童放羊一般，只要日军飞机企图分散开，就以猛烈的火力将其赶回队形，再集中火力射击队形密集的日军飞机，在美军飞机的打击下，日军飞机不断中弹坠海。

　　稍后，日军第三攻击波开始了对美军舰队的攻击。起飞后，有16架战斗轰炸机和4架战斗机与大队失散，它们便自成一体向目标海域飞去，一直飞出650千米也未找到美舰，于14时返回航空母舰。其余飞机在途中接到航空母舰通报的美军舰队新位置，但飞抵新位置后没有发现目标，就再转向旧目标位置，结果与美军的40架战斗机遭遇，双方随即展开空战。日军有5架战斗轰炸机、1架鱼雷机和1架战斗机被击落。

　　返回航空母舰的日本飞行员，向小泽司令官谎报击伤了美军5艘航空母舰和1艘巡洋舰，比真实情况夸大了许多。这使小泽认为战果辉煌，决定出动舰上所有的飞机乘胜追击，给美军更大的打击。日军航空母舰派出50架飞机，其中轰炸机27架、战斗机20架、鱼雷机3架，在目标海域没有发现美军航空母舰，便按照计划飞往关岛降落。在关岛将要着陆时遭到美军飞机的攻击，日军的14架战斗机、9架轰炸机和3架鱼雷机被击落。降落在关岛的日军飞机，机场跑道因美军飞机轰炸而被严重破坏，所以在着陆时受到很大损失，几乎没有一架不受伤的，因而无法再次起飞参战。

　　日军航空母舰又派出返回加油的20架飞机，其中轰炸机12

架、鱼雷机和战斗机各 4 架，起飞不久就遭到美军战斗机的有力拦截，被击落轰炸机 8 架、鱼雷机 1 架，另有一架鱼雷机因伤势过重于返航途中坠海。10 时 30 分，日军又拼凑了 9 架轰炸机和 6 架战斗机到达目标海域没有发现美军航空母舰，便在附近进行搜索，结果终于找到美军的第二航母大队，立即实施攻击。美军的"邦克山"号航母被一枚炸弹击中，所幸损伤轻微。日军飞机则在美舰猛烈的炮火下，损失了 5 架轰炸机和 4 架战斗机。

日军在这四次攻击中，总共损失飞机 192 架，而在关岛降落的飞机也大多被击毁。航母上的舰载机只剩 102 架，其中战斗机 44 架、战斗轰炸机 17 架、轰炸机 11 架、鱼雷机 30 架。小泽中将原打算如果战果较大，则于次日前进至马里亚纳群岛附近，继续实施攻击。如果战果较小，则暂时向西退避，调整兵力再进行决战。可直到傍晚，仍不清楚战果如何，又不清楚有多少飞机在关岛安全着陆，只得率领舰队向北航行，后又转向西北航行，并进行海上加油，准备次日再战。

由于在这次空战中，日军飞机被美军很轻松地大批击落，所以美军根据当时一名飞行员的玩笑话："这多像古代猎杀火鸡的战场啊！"于是，这场规模空前的海空大战就被取名为"马里亚纳火鸡大猎杀"，从而名垂青史。

19 日上午 8 时 10 分，就在小泽的旗舰"大凤"号航空母舰送走最后一架飞机时，被正在寻找"猎物"的美军"大青花鱼"号潜艇发现了。"大青花鱼"潜艇立即突破了日舰的警戒圈，向"大凤"号航空母舰发射了 6 枚鱼雷，其中一枚鱼雷准确地击中了"大凤"号航母的燃料舱。

"大凤"号航空母舰是日军根据中途岛海战的经验建造的新型航空母舰。其甲板有100毫米装甲防护，机库采用封闭式，以提高生存能力。还有先进的区域灭火控制和自动喷水灭火装置，完全可以承受500千克炸弹轰击，因此完工时被誉为不沉的航空母舰。

当时，日军认为仅仅一枚鱼雷不会对航空母舰造成损坏，经过抢修，"大凤"号航空母舰仍然能保持战斗航行。但是没有想到鱼雷爆炸撕裂了输油管道，航空汽油从管道的裂口里挥发出来，在通风性极差的封闭机库里慢慢地积聚。在中雷6个小时后，机库内积聚的航空汽油蒸气发生了大爆炸，火势迅速蔓延，甚至将装甲飞行甲板都烧得变形扭曲，继而全舰停电，大火又引爆了弹药舱，使得航空母舰内部的大爆炸接二连三。

小泽司令官见情况不妙，先令"若月"号驱逐舰接下舰员，再改以"羽黑"号重巡洋舰为旗舰。"大凤"号这艘一个月前才服役，被日本海军誉为不沉的航空母舰就这样沉入了海底。在它沉没之前，2 150名舰员中，只逃出了不到500人。

日军的灾难并未结束，就在"大凤"号航空母舰遭到美军潜艇攻击后几小时，日本海军的另一艘大型航空母舰"翔鹤"号也遭到美军潜艇"飞鱼"号的攻击。"飞鱼"号向"翔鹤"号航空母舰发射了6枚鱼雷，有3枚鱼雷直接命中"翔鹤"号航母，海水从炸开的破口汹涌而入，航空母舰内部也燃起大火，并不时发生爆炸，舰体很快产生倾斜，这艘曾经参加过偷袭珍珠港和珊瑚海海战的日本海军的元老航空母舰，同"大凤"号航空母舰一起沉入了马里亚纳的海底。该舰1 263名舰员，只有在甲板上的少数人员获救。而美国"飞鱼"号潜艇随即遭到日军驱逐舰长达3小时的追踪，总共承受了105枚深水炸弹的攻击，凭借着灵活的机动性能，美国"飞鱼"号潜艇仅受了一点轻伤，在摆脱日本军舰的追击后返回塞班岛。

马里亚纳海空战役以日本人的彻底失败，美国人的完全胜利而告终。经此一战，美国人不仅掌握了马里亚纳的制海权和制空权，还使日本人彻底丧失了获胜的信心，为最终击败日本奠定了坚实的基础。

在这次海战中，日本海军3艘航空母舰、2艘油船被击沉，损失飞机395架。而美军仅有2艘航空母舰、2艘战列舰、1艘巡洋舰受轻伤，损失舰载机126架。这一战，日军阻滞美军战略进攻的企图被粉碎，其航空母舰编队受到致命打击。更为重要的是，日本航空兵的损失高达92%，损失大量的有经验的飞行员无法得到补充，使日本的航母编队无法形成战斗力，从而使美军掌握了太平洋的制空权和制海权，为美军的战略进攻奠定了基础，马里亚纳海空战也充分证明了航空母舰上的海军航空兵对于取得海战胜利的关键作用。

08 莱特湾的最后较量

◇ ·················

　　1944 年 9 月，一声炮响打破了菲律宾莱特湾的宁静。美日之间最后一次也是历史上最大的一次海空大战揭开了序幕。

　　莱特湾大海战实际上是指美国海军与日本海军为争夺莱特岛，在菲律宾莱特湾周围海域所发生的四场海空大战以及其他几次零星海空战的总称。这四场海空大战是锡布延海海战、苏里高海峡海战、恩加尼奥角海战以及萨马岛海战。1944 年 7 月，美国总统罗斯福召集麦克阿瑟和尼米兹在珍珠港举行了一次秘密军事会议。在会上，尼米兹主张攻打台湾，麦克阿瑟则坚持先进攻菲律宾，双方各执己见，争论不休。罗斯福总统在听取了双方的观点后，表示支持麦克阿瑟的意见，决定先占领吕宋岛，然后再夺取硫磺岛，接着占领冲绳岛，从冲绳岛发起对日本本土的攻击。而菲律宾一旦失守，日本的补给线就会被切断，南方资源区的资源运不回来，日本的战争机器就会受到致命打击，那时，日本将坐以待毙。要想占领吕宋岛，必须先占领莱特岛。因此，莱特岛是一个美国必攻、日本必守的地方。为此，日本人也精心策划了防守菲律宾群岛的作战计划，将其定名为"捷—1"计划，企图与美军在莱特湾上决一雌雄。

美军在菲律宾莱特岛实施登陆。登陆部队共有4个师约17万人，海军由两部分组成：一是西南太平洋战区的美国第七舰队，由金凯德中将任司令，主要担负对登陆舰队的对空、对潜警戒，并为登陆部队提供火力支援；二是哈尔西中将任司令的美国第三舰队，负责对整个登陆部队的掩护。第三舰队是美军航母的主力，编有12艘航空母舰、18艘护航航空母舰、12艘战列舰、20艘巡洋舰、104艘驱逐舰。

进攻莱特岛的美军登陆部队在新几内亚集结，第三舰队的航母主力编队北上，压制日军在北方的奄美大岛、冲绳岛、久米岛、宫古岛等地的航空兵基地。

1944年9月，美国海军特混舰队对敌占岛屿的机场和设施进行了连续6天的猛烈轰炸。

9月2日早晨，一艘美军航母上的轰炸机飞行员乔治·布什接受了空袭任务。他得到的指示很简单："岛上日军的无线电电台就是你的首要目标。"20岁的布什当时是飞行中队中最年轻的飞行员。

　　早上 7 时 15 分，乔治·布什驾驶着他的鱼雷轰炸机从航母上起飞了。那天布什的飞机上装载了 4 枚 500 磅（约 227 千克）炸弹。上午 8 时 15 分，乔治·布什和他的飞行中队开始进行俯冲轰炸。他们很容易就找到了岛上的无线电电台。那些无线电铁塔的四周布满了日军密集的高射炮，现在它们已经向布什和他的伙伴们瞄准了。

　　57 年后，当乔治·布什被问道，迎着密集的弹雨直冲下去的感觉是什么样时，布什说："你身边到处是爆炸声，四周全是一股股的黑色浓烟，那场景可怕极了。你全身都绷紧了，但是你却没有办法。你只能自己对自己说'这是我的职责，我必须这么做'。"

　　日军高射炮炮弹击中了他的飞机。顿时飞机失去了控制，布什解开安全带向下跳了出去，为了不撞到机尾上，他还把头低了下去，但是他拉绳子的动作太快了，机尾还是撞到了他。就在布什即将落入水中的那一刻，他解开了胸前的降落伞皮带。他用力向小岛的东北方向游了约 5 千米，游到了一只由另一架美军飞机投下的黄色单人救生筏旁边。他把它充好了气，爬了上去。但他手边没有划桨，而风正把他吹向日军占领的小岛。"我看过一张报纸刊登的照片，上面是一名盟军飞行员正被日军砍头，"布什回忆说，"我开始用双手划水，我使劲儿划呀划。我喝了不少海水，开始呕吐，身上还在流血。我哭了，不知道自己是否能熬得过去。"接下来的很长一段时间里，布什不停地划着救生筏，盼望着有人来营救他。

　　3 个多小时后，他看到了几百米以外的水面上出现了一个小黑点。"那个小黑点越来越大，"他回忆说，"我怕它是日本人的潜艇。我想如果那真的是一艘美国潜艇的话，我就太幸运了。"果然，那是美国的"长须鲸"号潜艇，潜艇上的水兵抛给布什一根绳索，把这个全身湿透、精疲力竭的飞行员沿着艇身拉了上去。布什费了很大的劲儿才对他的救命恩人说出四个字："上船真好。"与布什一起的另外8名飞行员全部被日军俘获。凶残的日军官兵抓获8名美军飞行员后，对他们进行了各种折磨。更恐怖的是，他们还把其中的4名飞行员杀死，并吃掉了他们的肝脏和大腿上的肉。

第二次世界大战结束后，因乔治·布什所驾驶的飞机被日军击中坠毁之前，他准确地摧毁了日军一个关键的无线电台站，乔治·布什被授予了"卓越飞行十字勋章"。此后乔治·布什一路顺风，并于1988年年底当选为第41任美国总统。

日军几天来损失巨大。而且担任第三任联合舰队司令长官的丰田副武错误地判断美军将对台湾发动进攻，亲自前往台湾坐镇指挥。丰田副武在战前两年中，虽然有两个舰队司令长官的经验，却没有指挥过太平洋战争中已上升为主战力的日本海军航空部队。因此，在成为联合舰队司令长官后，这给其作战指挥带来很大的影响。丰田副武先后组织了三次大规模反击，由于日军飞行员大都是刚刚毕业的年轻学员，缺乏作战经验，加上飞机性能差，升空作战的日军飞机损失惨重。经过9天的连续空战，日军损失飞机1 093架，在菲律宾的陆军第四航空队只剩下各类飞机200余架，海军第一航空队的飞机仅剩下35架，在台湾的海军第二航空队的飞机尚存230架，已经丧失了在空中的反击力量。相比之下美军的损失不大，仅有100余架飞机被日军击落。

10月17日，美军先头部队在莱特湾入口的苏卢安岛登陆，日军这才判明美军的主攻方向。日军下令执行"捷—1"作战计划。"捷—1"作战计划的主要内容是：一旦弄清美军登陆地点，就立即动用日本三支海军机动部队，协同对美军的登陆部队及其支援舰队实施毁灭性打击。万一出击迟误而敌人已经开始登陆，日本舰队要全力以赴地强行突入港湾内，歼灭敌舰船。因为日本人对战列舰充满了迷信，而美国人又对航空母舰比较偏爱，所以他们让小泽中将的航空母舰编队作为诱饵，把敌航母机动部队诱至北部海域，以此掩护栗田主力舰队突击。日本人认为，只要小泽中将能成功地引开美国的航空母舰主力，就能给予美军登陆部队歼灭性打击。

10月20日，美军在莱特岛开始登陆，日军立即向莱特湾派去了三个舰艇编队，企图阻止美军的登陆。美军把第七舰队和第三舰队展开在通往莱特岛的接近水域。按照日军计划，此时应出动飞机实施反击，但是，日军飞机已经在几天前的空战中消耗殆尽，无力反击。在此情况下，日本海军仍然按原计划执行。日本联合舰队第二舰队司令栗田海军中将召开作战会议，确定作战方案。栗田是日本海军军龄最长的指挥官（34年），当过11艘驱逐舰的舰长，3任驱逐舰队司令，3任水雷战队司令。栗田指挥的主力舰队是日本海军最后的基本力量。拥有7艘战列舰、11艘重巡洋舰、2艘轻巡洋舰和19艘驱逐舰，其中包括超级战列舰"大和"号和"武藏"号。

10月22日，栗田中将率领日军的最后一支王牌舰队离开文莱，驶向菲律宾。早在10月上旬，美军的"鲦鱼"号潜艇和"海鲫"

号潜艇就活动在这一片海域，获悉美军登陆后，"海鲫"号艇长麦克林托克中校判断日军舰队极有可能从巴拉望水道前往莱特湾，便与"鲦鱼"号潜艇会合，一同驶往巴拉望水道寻找战机。10月23日，两艘潜艇在巴拉望岛以西海域发现栗田舰队。他们一面向指挥部汇报，一面接近敌舰。"海鲫"号潜艇赶到日军舰队航向的正前方，在2 000米距离上对其中一路纵队的日军一号舰，用潜艇艇首的发射管齐射6枚鱼雷，随后转向180度，对日军二号舰用艇艉发射管齐射4枚鱼雷。遭到攻击的日军一号舰正是第二舰队司令栗田中将的旗舰"爱宕"号重巡洋舰，被4枚鱼雷击中后，随即产生横倾。栗田只得跳下海游到"岸波"号驱逐舰上继续指挥，因为驱逐舰的无线电通信设备太差，后又改以"大和"号战列舰为旗舰。日军二号舰是"高雄"号重巡洋舰，被两枚鱼雷击中，受到重创，一度丧失航行能力，经过抢修后才恢复航行，在两艘日军驱逐舰的护送下返回文莱。就在日军舰队受到攻击、队形混乱时，"鲦鱼"号潜艇则接近另一路日军纵队，向日军"摩耶"号和"羽黑"号重巡洋舰各射出6枚鱼雷。"羽黑"号重巡洋舰发现了鱼雷航迹，避了过去。"摩耶"号重巡洋舰也发现了鱼雷航迹，舰长下令右满舵躲避，但是高度紧张的航海长误以为左满舵，在掉头时被4枚鱼雷击中，舰体迅速倾斜，在8分钟后沉没。美军的两艘潜艇就这样给了日本海军主力舰队一个下马威，击沉2艘、击伤1艘重巡洋舰。这一突然袭击，一度使日本主力舰队陷入混乱。

栗田转移到"大和"号战列舰上后，以"大和"号战列舰为旗舰，继续北上。10月24日8时，栗田主力舰队进入锡布延海。

该海就像日本的濑户内海一样，把菲律宾群岛分成两部分。突破锡布延海向东进入太平洋，然后南下杀向莱特湾，这就是栗田主力舰队的目标。但是，这条航路狭窄，岛屿叠嶂，这也是敌人潜艇埋伏待机的海域。由于该海域是前往菲律宾的必经之路，栗田只得硬着头皮率领主力舰队驶了进去。

不出所料，美国的"无畏"号航空母舰上的飞机很快发现了栗田舰队。此时的栗田主力舰队正分成两支舰队，一支以战列舰"大和"号为中心，一支以战列舰"金刚"号为中心。两者间隔22千米，摆成环形阵列，周围由驱逐舰包围，摆成一个圆形队列，向锡布延海驶去。

美国第三舰队司令哈尔西中将立刻命令3艘航空母舰集中攻击栗田舰队，从"无畏"号航母和"卡伯特"号航母和其他航空母舰上起飞的共260架飞机开始对栗田主力舰队进行连续的攻击。日本"大和"号战列舰上装备的对空高炮、机关枪和担任护卫任务的巡洋舰上拥有的上百门高射炮，立刻开火。

上午10时40分，激烈的海空战打响。美军飞机主要攻击"武藏"号战列舰和"大和"号战列舰。"武藏"号是日本最大的战列舰。它舰长263米，舰宽38.9米，满载排水量72 800吨，最高航速50千米/小时，最大续航力7 200海里（约13 334千米）。而且最厉害的是该舰的装甲最厚处达到650毫米，即使最薄处也有200毫米。但是，日本"武藏"号战列舰运气很差，美军轰炸机穿越了日军密集的火网，向"武藏"号战列舰投掷了大量的炸弹和鱼雷。然而，这些炸弹却被包裹的"武藏"号舰体全部反弹到海里去。混乱中，有几枚炸弹和一枚鱼雷击中"武藏"号战列舰的舰桥一侧。正是这致命的一击，使一门460毫米主舰炮无法转动……

两小时后，美国第三舰队司令哈尔西中将下令第二批飞机出动，美军大批舰载机实施低空轰炸，数不清的鱼雷、炸弹全都投到"武藏"号战列舰的甲板上。先是一枚炸弹击穿舰身甲板，另一枚刚好不偏不倚钻进刚击穿的弹洞里引起一阵猛烈的大爆炸，接着，"武藏"号战列舰又挨了3枚炸弹。该舰的左舷同时又被3枚鱼雷击中。

在美军的第三攻击波中，3枚鱼雷几乎同时命中"武藏"号舰首右舷。这次超强烈的爆炸，顿时把该舰右舷装甲撕裂，海水立刻涌了进来。在美国第三舰队航母舰载机的多次攻击下，日本"武藏"号战列舰被19枚鱼雷击中，终于失去了动力，于19时30分倾覆，沉入锡布延海海底，舰上2 200名官兵也一同淹没于海水中。日本"大和"号战列舰也受了轻伤，实在扛不住，栗田率领日本主力舰队掉头撤离了战场。

与此同时，日军驻吕宋岛的80架飞机袭击了美军的"埃塞克斯"号、"本宁顿"号、"普林斯顿"号和"兰格利"号航空母舰。约有70架日本飞机被当场击落，而美军损失较小。美军航空母舰开始接收飞机降落。谁也没有料到一架日本轰炸机，突然从"普林斯顿"号航空母舰的后面窜了出来，径直向该舰甲板冲去，随着刺耳的呼啸声，一枚炸弹准确地落在甲板上。当时，甲板上有不少飞机正在加油，另外一些飞机已经悬挂好了鱼雷和炸弹，正在等待起飞。这枚炸弹的爆炸立即引起了大火。航母上的急救队员冲进浓烟火海中奋力抢救。大约黄昏时，除舰艉靠近鱼雷库的地方仍在燃烧外，火势已被基本控制住。"伯明翰"号巡洋舰靠近"普林斯顿"号航母，抛出缆绳准备拖航。这时，"普林斯顿"号舰艉发生了一阵惊天动地的大爆炸，飞行甲板上的燃烧物被抛向空中，重重地砸在"伯明翰"号巡洋舰的甲板上。据该舰一位军官事后回忆，"当时的景象令人毛骨悚然，惨不忍睹，甲板上到处是被炸死的和伤势惨重、奄奄一息的人，许多人血肉模糊，十分可怕"。虽然"伯明翰"号巡洋舰舰体本身只受了一些轻伤，但它的舰员中却有229人被炸死、420人受伤。17时50分，美国"普林斯顿"号航空母舰缓缓地沉入大海。

在锡布延海海战中，美军共出动飞机269架次，以损失18架的代价，击沉日军1艘战列舰，击伤4艘战列舰、2艘重巡洋舰、1艘轻巡洋舰、2艘驱逐舰，并迫使其中的2艘重巡洋舰和2艘驱逐舰离队返航。美军损失了"普林斯顿"号航空母舰，但与取得的战果相比，还是值得的。

在锡布延海海战激烈进行之时，南面战场上的苏里高海峡海战也在激烈进行。参加苏里高海峡之战的日军舰队有两支，一是西村中将指挥的第一游击舰队的第三分舰队，有3艘战列舰、1艘重巡洋舰、4艘驱逐舰；二是志摩中将指挥的第二游击舰队，有2艘重巡洋舰、1艘轻巡洋舰、4艘驱逐舰。志摩将军从台湾出发时，接到的命令是让他与西村编队协同行动，但他没有主动与西村建立联系，这两位日本指挥官谁也不想使自己的行动和对方协调起来。因此，他们只好孤军作战，最后被美军各个击破。

　　当西村进入苏里高海峡时，志摩在它后面约 40 千米，而栗田还在锡布延海，离莱特岛的海岸还有好几个小时的路程。西村中将指挥的舰队是一支力量薄弱的舰队。其中"扶桑"号和"山城"号的舰龄已经超过 30 年，虽然该舰 356 毫米的主炮还在炮位上，但该舰的航速低、耐久性差，防御能力十分薄弱，所以自开战以来，该舰一直在濑户内海专门用于海军训练。日军把这些老旧的军舰也拿了出来，由此可见其决心。美国的第七舰队则完全不一样，它拥有先进的雷达，不仅可以在夜间跟踪日本舰队，而且美国战列舰还可以在日本军舰无法还击的距离上开火。

　　25 日凌晨 2 时 20 分，西村遭到美军鱼雷艇的攻击。在鱼雷艇的集中攻击下，"山云"号、"满朝"号两艘驱逐舰被鱼雷击中而沉没。"超云"号重伤离队。然而，西村却毫不畏惧，他把剩下的 4 艘军舰排成单纵队继续前进。"山城"号战列舰和"最上"号重巡洋舰不断被美军战列舰的穿甲炮弹重创，"最上"号重巡洋舰丧失了机动能力。一枚鱼雷击中了西村的旗舰"山城"号战列舰，引起弹药库大爆炸，不久该舰就沉入了海底。西村在临死前用无线电向其余尚存的日舰大吼："我们被鱼雷击中，你们应该继续前进，攻击敌舰！"

　　志摩舰队到达战场后，意识到通过海峡毫无希望，因此下令撤退。在混乱中，旗舰"那智"号巡洋舰与"最上"号重巡洋舰相撞，丧失机动能力的"最上"号重巡洋舰第二天被美军击沉。西村的 7 艘军舰中只有 1 艘驱逐舰幸存。

　　此战中，日军有 2 艘战列舰、1 艘重巡洋舰、1 艘轻巡洋舰、4

艘驱逐舰被击沉，还有 1 艘巡洋舰和 1 艘驱逐舰被击伤，包括西村中将在内的 5 000 官兵阵亡。美军 1 艘鱼雷艇被击沉、1 艘驱逐舰被击伤，阵亡官兵仅 41 人。经此一战，莱特湾南面的威胁被彻底解除。

直到 10 月 24 日下午 16 时 40 分，作为诱饵的小泽航母编队才被美军侦察机发现，此时美军正在对付栗田率领的日本主力舰队。美国第三舰队司令哈尔西中将相信栗田舰队已经被击退，于是率领海军主力第三十四特混舰队和威利斯·李上将的战列舰开始追击小泽航母编队。他没给圣贝纳迪诺海峡留下一点防卫力量。

哈尔西

哈尔西中将之所以犯下这个重大失误，忘记了自己的任务是要防守圣贝纳迪诺海峡，保护美军登陆部队的安全，其主要原因是轻敌大意和各自为战。10 月 25 日凌晨，小泽下令 75 架飞机起飞攻击美军，这些飞机大多数被美军击落，少数飞往吕宋岛。哈尔西中将亲自指挥航母和战列舰疾速前进，准备用大口径舰炮对付小泽舰队前卫战列舰和在舰载机空袭中掉队的日本军舰。清晨，在还没有确定日军精确位置的情况下，美军就起飞了180架飞机。直到7时10分，美军侦察机才锁定了小泽舰队的诱饵航母，美军战斗机摧毁了保护舰队的30架日军飞机，开始不停地空袭。小泽舰队的航空母舰纷纷中弹，"千岁"号和1艘驱逐舰沉没，"瑞鹤"号、"千代田"号和1艘巡洋舰丧失了机动力。在击沉几艘日本航空母舰后，空袭集中在两艘改装的战列舰上，但它们密集的防空火力有效地抵挡了空袭。空袭一直到傍晚，小泽舰队作为诱饵的全部航空母舰，还包括1艘巡洋舰、2艘驱逐舰被击沉。10月27日，小泽率领残部驶入奄美大岛锚地。他的诱饵使命完成得十分出色，虽然损失4艘航空母舰、1艘巡洋舰、2艘驱逐舰，但是成功地诱使美国海军主力第三十四特混舰队北上。

小泽在逃跑时，获得一个情报，使这场战斗发生了戏剧性的变化。原来，小泽的一艘驱逐舰报告说，美军追击部队中只有两艘战列舰和不多的一些巡洋舰、驱逐舰。小泽觉得没必要如此逃命，根据他的实力完全可以与追兵再决雌雄，于是命令日军各舰掉转船头，直扑美军追击编队。这一战斗在其结束阶段，竟出现如此滑稽的逆转，追击者和被追击者倒了个儿。退却逃跑的小泽竟成了追击美舰的勇士，率队迎着美舰驶去。

美军追击部队见调头逆转的日本军舰，摸不透他们搞的是什么名堂，便暂时退了下来，小泽见没了追兵就下令返航了。在返回的路上，遇到了美军布置的潜水艇，日军的"多摩"号巡洋舰被击沉，由于美军潜艇夜间攻击的射击准确性不高，小泽剩下的 7 艘军舰最后还是突出重围逃回了日本。

栗田率领的日本主力舰队于 10 月 25 日凌晨杀了一个回马枪，进入圣贝纳迪诺海峡，他们发现这里竟没有一兵一卒，不由大喜过望，于是栗田舰队很快穿过圣贝纳迪诺，来到萨马岛以东海面。

当日本主力舰队在萨马岛附近出现时美军大吃一惊，哈尔西中将手下的美军航母主力已经被诱敌战术调走远离莱特湾，如果让栗田舰队闯入，那么登陆美军的处境就危险了，所以金凯德赶紧向哈尔西中将发出紧急救援的电报。但是栗田对此一无所知，错误地将那些由商船改装的中型护航航母当成美国的大型航母。美国护航航母立刻向东后撤，希望坏天气可以影响日本舰炮的精确度。担任护卫任务的美军驱逐舰企图分散日本战列舰的注意力来取得时间，这些美军驱逐舰自杀般地对日军战列舰发射鱼雷，吸引日舰火力，4 艘美军驱逐舰被击沉，但它们为美军护航航母获得时间让其飞机起飞。然后，美军护航航母南撤，而日军战列舰的炮弹不断在它们周围爆炸，一艘美军的护航航母被击沉，其余受伤。由于栗田指挥的日军主力舰队未完成整编队形便发动进攻，再加上美军驱逐舰的攻击将其队形打破，各战队散乱在广阔的海面上。栗田丧失了对战事的控制，日军 3 艘重巡洋舰沉没。

不久，栗田主力舰队改变航向，驶往莱特湾。金凯德再次向哈尔西求援。金凯德的求援电报惊动了尼米兹上将。

打得正起劲的第三舰队司令哈尔西收到尼米兹上将的一封电

报:"全世界都想知道第三十四特混舰队到哪里去了。"哈尔西事后谈起这封电报时说:"我好像挨了一记耳光。"哈尔西匆匆留下两个航空母舰战斗群继续打击小泽,他亲自率领6艘战列舰和1个航空母舰特混大队急速返回驰援金凯德的第七舰队。

情况危急万分,就在第七舰队的护航航母群实在顶不住,眼看要遭到灭顶之灾时,发生了一件令人难以置信的事情,栗田舰队突然掉头北上,迅速撤离了战场。由于日军关键时刻逃离了战场,金凯德的第七舰队逃脱了一场厄运。

在这次海战中,美国海军失去了护航航母"冈比亚湾"号、驱逐舰"休斯敦"号、"霍埃尔"号和"罗伯茨"号4艘军舰。至此,莱特湾海战以美军的胜利而结束。

莱特湾大海战日军失误的关键是栗田没有理解,他们的主要任务就是摧毁麦克阿瑟的登陆部队,日本海军主力舰队付出了重大牺牲来到莱特湾就是为了这个目的,他应该突入莱特湾去攻击麦克阿瑟的运输船,必要时不惜与之同归于尽。这是整个作战计划赋予栗田的使命,也是栗田、小泽、西村和志摩舰队乃至整个日本联合舰队付出重大牺牲所要达到的目的。栗田完全无视整个日本海军以重大牺牲换来的机遇。栗田完全没有想过,如果他摧毁莱特湾里的船只和美军沿岸临时搭建的机场,即使麦克阿瑟已经完成了登陆,美军庞大的登陆部队也会暂时陷入失去补给、增援以及空中掩护的被动局面。从而岛上的日军很有可能全歼美军登陆部队,至少也会给美军带来重大伤亡。对于日本主力舰队的这一莫名其妙的举动,美国人很惊讶,为了弄清楚这个问题,他们战后曾专门提审了日本战犯栗田，问他为什么掉头后撤？栗田回答：他怕被哈尔西抄了后路。因为他不知道哈尔西已经被小泽吸引北上了，也不清楚向莱特湾前进便胜利在望。其实很重要的原因就是栗田做贼心虚。在美军面前的日本战犯栗田，一副屈服顺从的可怜相，面色苍老，面容倦怠，回忆这一往事时，眼睛里便流露出无穷的悔恨。

莱特湾大海战是太平洋战争的最后一次海战，也是世界海战历史上规模最大的海战。在莱特湾大海战中日本海军的基本力量蒙受了巨大损失，在海上的日本战舰再也没有能力向美国海军发起挑战，美军掌握了全面的制海权和制空权。这对太平洋战争的进程产生了很大影响。1944 年 12 月 20 日，美军完全攻占了莱特岛，之后又利用该岛做基地，对菲律宾群岛上的其余岛屿展开了最后的进攻。

09　　　　　　　　短命航母"信浓"号

◇·····················

　　"信浓"号是第二次世界大战时吨位最大的巨型航空母舰，它被日本海军寄予了厚望，然而仅在进行了 17 个小时的处女航后便被击沉了。

　　1944 年 11 月底，美军潜艇"射水鱼"号正在东京湾外的海面上，搜索、营救在战斗中落入海中的美军飞行员。舰长恩赖特双眼紧盯着海面，仔细搜索着，突然，他在潜望镜中看到了一个"小岛"。

　　"查一下地图，那个 60 度方位的小岛叫什么名字？"舰长问雷达员。

雷达员找遍了地图,也没找到小岛。于是,他启动雷达,令他惊讶的是,雷达屏幕上,这个"小岛"正在移动。

"舰长,这不是小岛,而是一艘巨大的航空母舰!"雷达员报告。

这真是一艘航空母舰,它是日本的"信浓"号航空母舰。此刻,"信浓"号航空母舰刚从横须贺海军造船厂秘密建造完毕,在"滨风"号、"雪风"号和"矶风"号三艘驱逐舰的护航下,开始首次军事行动。"信浓"号的名称来源于日本的一个古国名,在今天的长野县境内,是日本战国时期著名的战将武田信玄和上杉谦信血战的沙场。它是由原本建造的第三艘"大和"级战列舰的舰体改装而建成的。"大和"级战列舰是日本海军在第二次世界大战前建造的最大、最新、最强的一级,可以说是超级战列舰。"大和"级战列舰原准备建4艘,1号舰是"大和"号,2号舰是"武藏"号,3号舰和4号舰列入建造计划,其中3号舰就是"信浓"号。"信浓"号在船厂中途被改装成一艘装甲航空母舰。

"信浓"号航空母舰满载排水量超过7万吨,总功率110 325千瓦,航速每小时50千米,舰上载有新型的舰载轰炸机21架,舰载侦察机7架,舰载战斗机20架,是当时世界上最大的航空母舰。"信浓"号的这个排水量纪录直到1960年美国的"小鹰"级航空母舰服役才被打破。

"信浓"号最大的特点是装甲防护力强。该舰采用的是"大和"级战列舰的舰体,具有严密的水下防御功能,设计水线处有厚达200毫米的装甲,为此不惜耗费上万吨钢材,全舰划分为1 147

个水密隔舱，以保证遭到水下攻击时海水不会大量涌入舰体。因此，"信浓"号航母拥有当时最强的水下防护能力。

为了防御空中攻击，"信浓"号航母的甲板厚75毫米，上面还覆盖有200毫米厚的钢骨水泥层，同时还加强了要害部位的防护，据称可抵御500千克航空炸弹的攻击。

"信浓"号航空母舰的这次行动采取了极为严格的保密措施。在航行中，实行严格的灯火管制。

"发现敌舰雷达信号！"值日官向舰长阿部大佐报告。从脉冲频率上看是一艘美军潜艇。阿部感到很疑惑，日舰并未发现美军舰艇，美舰却自己发出雷达信号。难道美军疯了吗？或者是另有企图？沉思了好一会儿，阿部判断自己的军舰遇到了美军的潜艇"狼群"。美军这样做的目的是用一艘故意发出雷达信号的潜艇把护航的驱逐舰引开，而其他埋伏的潜艇则趁机攻击"信浓"号。于是，他下令无论出现何种情况，护航舰队都不许丢下"信浓"号，同时阿部还命令关闭各舰雷达，改为灯光联系。

"射水鱼"号属于美国海军"巴雷欧"级潜艇，这类潜艇与"加腾"级潜艇以及后来的"鲤鱼"级潜艇一起构成了美国太平洋舰队远洋潜艇战的主力，装备有前6后4共10具鱼雷发射管，并且备有24发鱼雷。同时还装备有一门12.7厘米口径的火炮，攻击力比当时的德国U型潜艇还要强。

由于"信浓"号走的是"Z"字形路线，所以尽管整个编队速度较快，但却不能摆脱近乎直线追踪的"射水鱼"号。

就在这时，"信浓"号编队中的"矶风"号突然转向离开了编队，以65千米/小时的高速向"射水鱼"号冲去。日舰的举动使恩赖特吃了一惊，但阿部更为吃惊，他命令"矶风"号立即回到原位置。"矶风"号在距"射水鱼"号9千米时悻悻而归。

阿部命令编队保持180度航向，以37千米/小时速度前进，甩开尾巴。然而天有不测风云，就在这时，"信浓"号航母上的一个主轴轴承温度过高，使用多种办法降温，温度却一直降不下来，航母不得不降低速度，以不超过33千米/小时的速度行驶。阿部得知这一消息，心里很着急，这下任何一艘美军潜艇都可以追上它了。

"信浓"号航空母舰与"射水鱼"号潜艇的距离越来越近，"信浓"号航母的螺旋桨转动时发出的响声也越来越响了。

"发射鱼雷！"恩赖特果断地发出命令。

巨大的鱼雷发出"嘶嘶"的响声，从鱼雷发射器中奔腾而出，向"信浓"号航空母舰直奔过去。只听"轰"的一声巨响，"信浓"号航空母舰的尾部被击中，腾起一团巨大的火球。紧接着，第二枚鱼雷、第三枚鱼雷……共6枚鱼雷射向目标。

"信浓"号航空母舰的舰体虽然用几英寸（1英寸=2.54厘米）厚的钢板制成，且安装了反鱼雷隔堵，但还是被威力巨大的鱼雷撕开了几个巨大的裂口，大量海水涌进舱中。

"射水鱼"号潜艇发射的鱼雷中有4枚直接命中了"信浓"号右舷，由于匆忙赶工，"信浓"号水密舱非常不完善，很快就进水倾覆。"信浓"号航空母舰的舰体出现了倾斜。凌晨5时，全舰倾斜达到18度。三艘日本驱逐舰围着"信浓"号航空母舰团团转，就是没有办法使它起死回生。近11时，"信浓"号航空母舰的舰体直立起来，舰首指向天空，随后又慢慢地沉入水中，在海上永远消失了。舰上2 515名船员只有1 080人获救，有1 435人遇难（包括舰长阿部俊雄）。

这艘当时世界上最大的航空母舰进行首次航行仅仅17个小时，就结束了它的历史使命，成为世界上寿命最短的一艘航空母舰。这也是历史上被潜艇击沉的最大的一艘战舰。

"射水鱼"号潜艇发射了鱼雷后，为防止日本驱逐舰攻击，马上潜入深海。果然，没过多久，水中就响起了深水炸弹沉闷的爆炸声。但是，没有一颗深水炸弹击中"射水鱼"号潜艇。第二天清晨，"射水鱼"号潜艇上浮至潜望镜深度。恩赖特从潜望镜中看到了正在下沉的"信浓"号航空母舰后，才命令"射水鱼"号潜艇返航。

10　英阿血战南太平洋

◇······

　　马岛战争是第二次世界大战结束后爆发的一场岛屿争夺战，包括海军封锁反封锁、岛屿登陆抗登陆等内容，是一次非常重要的、影响较大的局部战争。实践再次证明，拥有制海权和制空权优势的航空母舰仍然是现代海战中的王牌。

　　在烟波浩渺的南大西洋上，有大大小小200多个岛屿翡翠般地镶嵌在南美洲和南极洲之间的广阔水域。这些岛屿，阿根廷人称之为马尔维纳斯群岛，而英国人则管它们叫福克兰群岛——这可不是简单的称谓之争，而是英阿两国对这些岛屿长达几个世纪的主权之争。

　　说起马岛的历史，颇让人感到这是一个多灾多难的地方。

最早发现马岛的是荷兰人，他们将它命名为塞巴尔德群岛。后来，一支英国船队在南大西洋航行时，因避风暴偶然发现了这些岛屿，又将其命名为福克兰群岛。

又过了一个多世纪，法国海军在该岛登陆，宣布法国拥有该岛主权。后来，法国人在索莱达岛建立了一个定居点，称为路易斯港。1766 年，西班牙宣称这些岛屿在西班牙管辖范围内，法国人便以 24 000 英镑的价格把索莱达岛卖给了西班牙。英国人与西班牙人打起了仗，但英国人打输了。1774 年，英国撤走了驻军，但未放弃该岛的主权。

19 世纪初，阿根廷爆发起义，赶走了西班牙殖民者，于 1816 年独立，并声明继承西班牙对马岛的主权。1820 年 11 月，阿根廷人在马岛升起国旗。虽然西班牙人被赶走了，但英国人并不承认马岛的主权属于西班牙，因而更不会承认它属于阿根廷。1829 年，英国政府致函阿根廷外交部长，声明马岛为英国领土。1833 年 1 月 2 日，英国"史诗女神"号军舰开进索莱达岛升起英国国旗，宣布行使主权。阿根廷委派的总督及其 50 名士兵被迫撤走。当时的阿根廷政府不敢跟大英帝国叫板，只好忍气吞声。英国夺回马岛一个世纪后，历届阿根廷政府虽未加以承认，但也没有出兵跟英国开战。

马岛的战略位置十分重要，英国人凭借此岛控制南大西洋。第二次世界大战，德国人企图占领这些岛屿，但都没有成功，全输给了英国人。而英国海军则利用这一基地有效地控制了南大西洋的制海权。其实，该群岛除东部的索莱达岛和西部的大马尔维纳斯岛有大约 2 000 人居住外，绝大部分岛屿荒无人烟。这里地靠南极，气候严寒，似乎不值得一争，但是，马岛西去 500 千米，是举世闻名的麦哲伦海峡，是从大西洋进入太平洋的航道要冲，也是通往南极的大门和前进基地。它是任何想在大西洋地区扩大势力范围的国家极其重要的跳板。更让人馋涎欲滴的是，在马岛大陆架还发现了丰富的石油资源。

1982 年 4 月 2 日，阿根廷 5 000 名士兵登上了马岛，阿根廷宣布已经收复马岛。消息传到伦敦，英国首相撒切尔夫人立刻召开紧急内阁会议，商议对策。会后不久，英国临时组织"战时内阁"，决定迅速出兵，争占福兰克群岛。英国抽调了皇家海军 2/3 的总兵力，组织了一支特混舰队，任命伍德沃德少将为特混舰队司令。英国特混舰队包括 2 艘航空母舰（即"竞技神"号航空母舰和"无敌"号航空母舰）、2 艘核动力潜艇和 40 多艘其他舰只，还有临时征用的 58 艘商船。

英国"竞技神"号航空母舰开赴战场

　　1982 年 4 月 5 日上午，英国的"竞技神"号航空母舰离开朴次茅斯港，甲板上整齐地排列着"海王"直升机和"鹞"式垂直起降飞机，水兵和陆战队士兵们已经向舰上装运了成吨的弹药。在向作战区域航行过程中他们进行了全面的应急训练。英军参战部队完成了制订作战方案、战斗序列编组、战术演练等一系列准备工作。英国的这些高效迅速的临战准备，奠定了取胜的基础。

英国"鹞"式垂直起降飞机

　　阿根廷对英国的反应始料未及。加尔铁里总统做梦也没有想到撒切尔夫人会派遣庞大的特混舰队到南大西洋来。当时，阿根廷敢于动手，主动出兵收复马岛，重要的原因就是推算英国不敢应战。为什么英国不敢应战？因为英国距离马岛非常遥远，从英国本土到马岛，几乎要跨过半个地球。整个航程 13 800 多千米，没有两三艘以上的大型航母，这件事哪个国家都不敢干，而且听说英国遭遇经济危机，准备出售新下水的"无敌"号航母，另外一艘"竞技神"号航母也准备卖给澳大利亚。英国如果没有了航空母舰，就没有实力来争夺马岛。所以阿根廷推算英国不敢应战。从某种意义上来讲，马岛战争的爆发是英国航母实力衰减的直接结果。值得英国人庆幸的是，当马岛被阿根廷人夺走时，英国首相撒切尔夫人准备出售航母的命令尚未开始执行。

1982 年 4 月 5 日，英国海军特混舰队主力驶离朴次茅斯港。部分正在大西洋和直布罗陀海峡演练的舰艇奉命直接向南大西洋航行。这支舰队主力有："竞技神"号航空母舰和已决定外卖的"无敌"号航空母舰、2 艘导弹核潜艇、7 艘驱逐舰。

4 月 23 日，英军特混舰队抵达马岛附近，并宣布对马岛周围 370 千米实施全面海空封锁。英军飞机开始对马岛海域进行空中巡逻。同时英国开展一系列外交和政治活动，使得美国、欧共体的许多国家都表示支持英国，中断了与阿根廷的军火贸易，实行对阿根廷的军火禁运，并向英国提供后勤保障、通信、卫星情报等援助。

英国人打这个仗非常吃力，因为马岛战争从根本上来讲是一场海空战，海空战的核心是夺取制空权，没有制空权就没有制海权。

夺取制空权靠什么？阿根廷靠岸基作战飞机；英国本土距离马岛超过 13 800 千米，一般作战飞机无法飞过来，只能靠航空母舰上的舰载飞机。但是，英国的"无敌"号轻型航母排水量有限，一般只能携带 8 架"鹞"，最多不过带 10 架。"竞技神"号航母也如此，大约可以带 10 ~ 12 架"鹞"。总之，英国整个特混舰队的两艘航空母舰，一共只能带 20 架"鹞"式垂直起降飞机开赴马岛，而它面对的是整个阿根廷空军。阿根廷空军有 200 架作战飞机，其中有很先进的如法国"幻影"系列飞机和"超级军旗"攻击机。"超级军旗"攻击机还装备法国的"飞鱼"导弹。面对装备精良的阿根廷空军，没有制空权优势的英军怎样应对呢？

4 月 12 日，英军的核潜艇最先到达马岛海区，开始执行封锁任务。在整个马岛战争期间，英军特混舰队的两艘航空母舰"竞技神"号和"无敌"号始终不敢靠近马岛，躲在阿根廷飞机作战半径之外。英国的舰载机是垂直起降，耗油量大，航程有限，它的航速、机动能力同岸基作战飞机是无法比拟的，所以它跟常规起降飞机打仗，会吃很大的亏，而且它的数量也太少了。

那么谁来执行对马岛的封锁任务呢？它的外层封锁圈是靠核潜艇来充当的，对马岛的内层封锁圈，就靠驱逐舰、护卫舰所组成的小编队，在脱离航空母舰掩护的情况下，在马岛周围执行海上封锁任务。

阿根廷的"贝尔格拉诺将军"原本是美国"凤凰城"号轻巡洋舰，第二次世界大战后，美军舰艇大量过剩，"凤凰城"号轻巡洋舰在 1950 年退役，于 1951 年被阿根廷以 122 万美元的低价收购，改名"贝尔格拉诺将军"号巡洋舰。"贝尔格拉诺将军"号巡洋舰长期成为阿根廷海上力量的象征，和另一艘英国造的二手航空母舰"五月二十五日"号并称阿海军两大主力。5 月 2 日，阿根廷的"贝尔格拉诺将军"号巡洋舰奉命在英军封锁区外游弋。被英军"征服者"号核潜艇发现，"征服者"立即向上级报告。英国国防部参谋长特伦斯·卢因海军元帅获悉这一情报后，马上驱车前往唐宁街10号。正巧，铁娘子在召开内阁会议。卢因汇报了情况，主张干掉阿根廷巡洋舰。会上议论纷纷，有些大臣不同意，说："阿舰已经徐娘半老，不值得消耗我们昂贵的鱼雷。"有的认为："阿根廷军舰构成对英国军舰的威胁，此害不除，必成后患。"也有的认为："'贝尔格拉诺将军'号在海上禁区外游弋，如果打沉了它，岂不让人耻笑。"

这时，前线又传来"贝尔格拉诺将军"号在两艘驱逐舰保护下，如约前去与一艘苏联侦察船接头，以便得到苏联侦察卫星侦察的关于英国舰队活动的情报。而此前，阿军因英军电子干扰，经常失去与马岛守军的无线电联系。苏联则通过包括海上直接联络在内的种种渠道，向阿方通报情报，这一做法，使英国极为恼火。

铁娘子立即拍板，攻击阿舰。"征服者"号核潜艇的排水量为4 500吨，可长时间以56千米/小时的速度潜航，装备25枚"虎鱼"式鱼雷。这种鱼雷可从30千米以外的地方发射，直接命中目标。

"贝尔格拉诺将军"号巡洋舰似乎预感到厄运将至，舰长下令朝大陆方向驶去。眼看离阿港口不远了，舰上的舰员们都以为可以平安返港了，突然，"虎鱼"式鱼雷向该巡洋舰冲杀过来。军舰很快倾斜下沉，蔓延的大火已经无法控制。伴随着阿根廷国歌，"贝尔格拉诺将军"号一声巨响，葬身海底。阿根廷的航母也受到来自水下的威胁，最后受命撤回本土，从此以后再也没有参战。

几天后，阿根廷空军飞行员驾驶着"超级军旗"，用法国制造的"飞鱼"导弹，击沉了英军现代化导弹驱逐舰"谢菲尔德"号，算是以牙还牙。

事情发生在 1982 年 5 月 4 日，在参加海上封锁任务的英国舰艇中，有一艘先进的防空导弹驱逐舰，它是专门为英国航母编队提供对空掩护的，它就是"谢菲尔德"号驱逐舰。

上午 9 时，特混舰队司令伍德沃德要通了"谢菲尔德"号舰长索尔特的电话，向其传达了阿根廷空军活动频繁，有可能在空中采取行动的情况。

"明白了，不过……"索尔特舰长透过窗口，望着舰上处于"零秒待发"状态的雷达，十分得意地说："请将军放心，他们害怕'谢菲尔德'，恐怕不敢来攻击我吧？"

索尔特没有想到，就在他说大话的时候，死神的阴影已渐渐向"谢菲尔德"号驱逐舰逼来。一个小时后，军舰突然接到通报，马岛海域出现阿根廷飞机。直到这时，索尔特仍不以为然，阿根廷空军算什么？他认为，凭借"谢菲尔德"号驱逐舰上最新式的对空警戒雷达、导弹跟踪制导雷达、舰载反潜鱼雷系统、干扰火箭发射武器系统和海标枪双联装舰载对空导弹，随时可升空作战的"山猫"武装直升机，只要阿根廷飞机一出现，定叫它坠落大海，葬身鱼腹。

十几分钟前，阿根廷的一架 P—2V 海王式水上巡逻飞机发现了英国的"谢菲尔德"号驱逐舰。阿根廷立即出动两架法制"超级军旗"攻击机携带 AM—39"飞鱼"式反舰导弹，去攻击这艘英国军舰。两架飞机掠着海浪低空飞行，以避开英舰雷达的探测。当飞机在距离英舰 46 千米的距离时，迅速爬升到 150 米，短暂地打开雷达对英军舰定位，同时把目标距离数据输入到"飞鱼"导弹计算机程序系统，然后再降到低空。在大约 43 千米的距离上，两架飞机的飞行员狠狠地按下了发射按钮，之后，调转机头返回阿根廷本土基地。由于"飞鱼"导弹仅有 0.1 平方米的雷达反射面，英舰的雷达要在 10~15 千米的距离上，才能探测到快速飞行的"飞鱼"导弹，但是其飞行速度能达到音速，即使在这个距离上被发现，敌舰也难以采取反导弹或躲避措施。

"飞鱼"导弹据说是受飞鱼的启发而发明的一种空对舰导弹。在热带海洋里生活着一种鱼，当它被敌害追赶时，会跃出水面 8~10 米高，以每秒 18 米的速度滑翔 150~200 米，逃避敌害。法国宇航公司和海军联合研制，模仿飞鱼贴近海面飞行的能力，制造出了这种能超低空飞行的导弹，并命名为"飞鱼"空对舰导弹。每枚"飞鱼"导弹价值 20 万美元。它弹长 4.09 米，直径 0.35 米，翼展 1.1 米，不受海浪、雾、雨等自然条件的影响，即使在恶劣的天气里，"飞鱼"导弹的命中率也能达到 99.5%。该导弹战斗部舱内装有 165 千克的 CPI 半穿甲爆破战斗部，能在 70 度的倾角下穿透舰艇的钢板装甲，并在弹体进入舰艇内部几米后才爆炸，以充分发挥弹片和冲击波的破坏效果。因此，"飞鱼"导弹被人们誉为海上杀手。

其实，在"超级军旗"攻击机打开机上雷达搜索目标的一瞬间，英国的另一艘军舰就侦测到了雷达辐射信号，并把这一情报立即转发给英国的"竞技神"号航母和"谢菲尔德"号驱逐舰以及其他所有舰只，但航母上的防空管制系统认为侦测到的雷达辐射信号来自阿根廷的"幻影"飞机，而不是"超级军旗"攻击机，这时，阿根廷的"超级军旗"攻击机已经返航，所以认为"超级军旗"攻击机不是针对自己攻击的。再者，事前英国海军认为，阿根廷虽然从法国引进了这种飞机，但还没来得及进行发射"飞鱼"导弹的训练，因而不具备使用"飞鱼"导弹攻击的能力。英国判断上的失误，使他们放松了对危险的警惕，因而对探测到的雷达辐射信号没有给予应有的重视。这时"谢菲尔德"号正在通过卫星通信系统收发报文，据说是为了避免干扰卫星通信，所有舰只辐射电磁能的设备都暂不开机。所以，该舰警戒雷达没有开机，也就没有发现"超级军旗"攻击机的动向。同样的理由，该舰的电子对抗系统也没有检测到"飞鱼"导弹制导雷达的信号。此时，如果他们判断出"超级军旗"攻击机是对自己进行攻击的，一定会打开电子对抗系统，可惜他们没有这么做。

这时，两枚"飞鱼"导弹在离海面9米多的高度，以超过900千米/小时的速度飞行，大约2分钟时间，其中一枚导弹在命中前的4秒钟才被"谢菲尔德"号舰桥上警戒的一个监视哨发现，但为时已晚，舰上的反导弹防空系统已经来不及做出反应了，只听"轰隆"一声巨响，这枚导弹击中了"谢菲尔德"舰的中部，穿透了两个巨大的水密舱，然后再爆炸。另一枚导弹可能因为制导系统故障而坠入海中。击中"谢菲尔德"号的这枚导弹爆炸后，引起了可怕的火灾，加上导弹推进系统未用完的燃料，使猛烈的火势像一个巨大的火炬。军舰的电缆线也着火了，使指挥失控。军舰被击伤的部位炽热得无法接近，浓烟充满全舰。舰上的英军水兵与大火搏斗了4个小时，企图拯救这艘军舰，但当火焰危及舰上导弹和易燃的库房时，舰长不得不下令放弃军舰。全舰20人死亡，24人被烧伤。

一艘价值 1.5 亿美元的先进驱逐舰被一枚仅值 20 万美元的导弹击沉，令英国特混舰队蒙受了马岛之战以来的最大损失。于是，特混舰队如临大敌，开动了所有的电子设备，组成了一层反导弹的电子干扰网，英军还调来了大量箔条。

5 月 25 日，阿根廷又一架"超级军旗"攻击机编队携带"飞鱼"导弹，采用与上次同样的飞行战术向英舰飞来。"超级军旗"攻击机飞行员突然从低空跃升到 150 米高度用机载雷达探测目标，雷达荧光屏上显示出几个较小的目标围绕着一个大目标。这些小目标是英国护卫舰，大目标是英国"大西洋运输者"号集装箱船。这时，这些舰艇一发现飞机来袭，护卫舰马上就开始投放大量的箔条干扰。护卫舰上一般安装两座消极干扰发射装置（每座 6 个发射管），它像烟花炮一样向外发射，并在空中开花。顿时，在护卫舰周围形成了若干个云团，组成一个干扰盾牌。因为单发箔条弹在空中散发后，可产生 1 500～4 000 平方米雷达截面，所以给导弹雷达造成的回波比舰只反射雷达波强得多，引导"飞鱼"导弹去追踪这些箔条云，因而也就偏离了真实目标，保护了护卫舰的安全。

这时，发生了一件戏剧性的事情。虽然部署在"大西洋运输者"号货船周围的护卫舰用干扰手段保护了自己，使"飞鱼"导弹偏离了预定目标，但"飞鱼"导弹像一个幽灵一样在空中徘徊，撞上"大西洋运输者"号货船，因为它是一艘商船，所以没有任何自卫用的电子对抗设备，它被"飞鱼"导弹击中，船只严重损伤，很快就下沉了。船上正装载着运往战区的十几架直升机，还有包括英军特混舰队携带的、用于在马岛上建立野战机场的钢板跑道，以及为"鹞"式战斗机提供的维修航材全部沉入海底。这对英军又是一次沉重打击。

阿空军用"飞鱼"导弹击沉了英军价值两亿多元的"谢菲尔德"号驱逐舰之后,"飞鱼"导弹更是身价倍增。尝到甜头的阿根廷空军发誓要用"飞鱼"导弹击沉英国海军的旗舰——"无敌"号航空母舰。

但是,阿根廷战前从法国购买了14架"超级军旗"攻击机和9枚"飞鱼"空舰导弹。当阿根廷击沉了英军的"谢菲尔德"号驱逐舰与"大西洋运输者"号货船后,阿方只剩下两枚"飞鱼"导弹了。而法国也不再卖给阿根廷"飞鱼"导弹了。面对无可挽回的败局,阿根廷三军总司令决定进行最后一搏——袭击英国海军"无敌"号航空母舰,迫使英国人回到谈判桌上来。

阿根廷之所以把目标锁定在"无敌"号航母上,不仅是因为该舰是英国皇室海军特混舰队的核心之一,在军事上非常重要,另外还在于英国皇室的安德鲁王子当时作为"海王"直升机的飞行员正在舰上。英国海军特混舰队司令沃特伍德后来表示,如果当时阿根廷成功除掉"无敌"号,那么结果将是非常严重的,甚至整个作战行动都将严重受损。

5月30日,阿根廷空军经过几天的侦察发现了英国"无敌"号航空母舰。阿空军首先出动了10架"天鹰"式战斗机将"无敌"号航空母舰上的"鹞"式战斗机引开,而后出动由2架"超级军旗"攻击机、3架"天鹰"式战斗机和3架"幻影"式战斗机组成的攻击群进行超低空飞行,隐蔽地接近"无敌"号航空母舰,瞅准机会向"无敌"号发射了最后两枚"飞鱼"导弹。不久便看到爆炸的浓烟。阿军飞行员以为大功告成，便立即将这一巨大战果报告给阿军总部。可事实上，英军的"无敌"号航空母舰安然无恙，仍然在南大西洋的海面游弋。

这是怎么一回事呢？原来，当"飞鱼"导弹凶狠地扑向"无敌"号航空母舰的时候，眼看"无敌"号危在旦夕。此时，导弹距离"无敌"号已经不到3千米，时间只剩下8秒钟。在这千钧一发的时刻，"无敌"号航空母舰上的3架"海王"舰载直升机立即起飞，并排迎向"飞鱼"导弹，与导弹在紧贴海面的同一高度上相向飞行。英军的飞行员十分明白自己的处境，他们所采取的行动相当于自杀，因为"飞鱼"导弹的爆炸范围很大。三架飞机中的任何一架被击中，那么其余的两架也都将被炸得粉身碎骨。

英国"海王"直升机

　　这时"无敌"号航母已调整完舰体方向,军舰上的官兵屏声息气,默默地注视着空中。终于,导弹在距"无敌"号只剩下1千米、距直升机不到400米处,被直升机构成的更大的雷达反射面吸引住,只见导弹像长了眼睛一样,立即抛开"无敌"号,转弯向直升机高速冲去。

　　三架直升机继续向前飞行了片刻,在确认导弹被吸引过来后,猛地加大油门,迅速上爬,在空中玩起了钓鱼的游戏。只见这几架"海王"直升机在空中忽而向左,忽而向右,忽而向上,忽而向下地钓着阿根廷空军的"飞鱼"导弹。

　　两枚"飞鱼"导弹紧紧地追着"海王"直升机,忽上忽下,忽左忽右地调整着航向,咬住"海王"不放,似乎要一比高低。而"海王"直升机就像是几位钓鱼能手一样,牵着"飞鱼"导弹向着与"无敌"号航空母舰相反的方向飞去。"飞鱼"导弹毕竟在速度上技高一筹,经过一番激烈的空中追逐后,渐渐逼近"海王"直升机,眼看就要把"海王"直升机击落海底。就在这万分危急的时刻,只见"海王"直升机像轻盈的海鸥一样,做了一个十分优美的空翻动作,向高空冲去。"飞鱼"导弹不甘落后,也跟着向高空飞去,这样一来,它可就黔驴技穷了,因为"飞鱼"导弹是低空导弹,它的升限只有7.5米,在这一高度击不中目标,就只剩下一个本领——自行爆炸,把自己炸得粉身碎骨。只见"飞鱼"导弹被"海王"高高钓起后,突然一头栽了下来,接着化作两朵烟云,便沉入大海了。"无敌"号航空母舰终于在"海王"直升机奋不顾身的保护下获救了,当时舰上的官兵都吓出了一身冷汗。

在此之前，英军破译了阿军密码，全面掌握了阿军的作战企图和兵力部署，并综合各路情报，决定将登陆地点定在马岛的北侧圣卡洛斯湾。但是，在马岛北口的佩布尔岛有一个阿军机场，机场上的雷达站对登岛构成严重威胁，为扫除障碍又不暴露登陆企图，英军决定派突击队消灭佩布尔岛上的目标。

5月14日夜间，一支50人的突击队登上了马岛最北部的佩布尔岛，炸毁了阿根廷的1个弹药库、6座雷达站，摧毁了11架飞机。5月20日晚，英国特混舰队司令伍德沃德在"竞技神"号航空母舰上，向汇集在马岛北面由60艘舰船组成的两栖攻击部队发出了进攻命令。舰队分成两路，一路由各载700名海军陆战队员和伞兵的"无畏"号两栖登陆艇和"勇猛"号两栖登陆艇率领，分别在20艘驱逐舰和护卫舰的护卫下向西驶去。随同出发的还有运送2 500名士兵的"堪培拉"号大型运兵船。

两个小时后，抵达群岛最北端，随后驶入不到28千米宽的马岛海峡，向登陆地点圣卡洛斯湾进发。在行进途中，舰队一直保持无线电静默，阿根廷人没有发觉。与此同时，另一路由两艘航空母舰率大批军舰南下，向马岛南部进发，佯装在路易斯港、达尔文港和福克斯湾登陆。这些部队上岸后便迅速冲向阿军阵地，与阿军展开激战，目的是迷惑阿军，使阿军相信主要危险来自群岛南部，而不是马岛海峡。

英国两栖登陆舰队经过精心的准备，在恶劣天气掩护下，偷偷接近马岛，乘着夜色驶进马岛北部入口，准备在圣卡洛斯港登陆。

这里拥有超过9千米长的天然深水锚地，在有风暴的情况下适于船只停泊，滩头附近的小山为设置地面观察所和雷达提供了良好的条件，登陆地点群山环抱的小港使"飞鱼"导弹失去作用，因为导弹无法击中山背后的目标，这里有部署轻型防空导弹的良好场地，圣卡洛斯港附近阿军防守相对薄弱，可以达到战役的突然性。

5月21日3时30分，首批英军乘直升机着陆，6时30分，英军主力部队登陆。3天后，英军上岸部队已达5 000人，滩头阵地扩大到150平方千米，建立了补给基地和通信枢纽。与此同时，英国从航空母舰上起飞"鹞"式战斗机进行空中压制，牢牢控制着马岛局部空域的制空权。阿根廷在马岛的机场遭到轰炸，而阿根廷唯一的航空母舰被逼回本土港内躲避，能够出战的飞机不是被摧毁，就是被逼回本土，远离马岛海域，最终马岛的守军孤立无援，弹药用尽。

5月30日晚，英国航母编队对斯坦利港进行了猛烈的轰炸，随后3 000名英军在斯坦利港北面登陆。6月1日，两支英军攻下肯特山，完成了对斯坦利港的陆上包围。随后，英国的米字旗又一次重新飘扬在马岛的上空。马岛战争正式宣布结束。

马岛战争的爆发是英国航母实力衰减被对手获悉所导致的一个直接结果。虽然英国在付出沉重代价后夺回了马岛，但通过战后反思，英国海军开始建造6万吨级排水量的"伊丽莎白女王"级大型航空母舰，而且要搭载从美国进口的F—35常规起降作战飞机。

11 美国的"第一打手"

◇ ·····················

每当危机在华盛顿出现的时候，美国总统有一句名言："我们最近的航空母舰在什么地方？"

在整个冷战时期及冷战后期，航空母舰编队一直是美国人充当世界警察，推行强权政治，干涉别国内政的主要力量。在任何一个热点地区，都可以看到美国海军的身影。从 1946 年开始，到 1991 年冷战结束，美国共在海外动用军事力量 270 多次。其中，动用海军兵力约占总次数的 80% 以上。美国海军兵力的核心是航空母舰，因此，稍有风吹草动，美国总是派航空母舰为首的特混舰队前往出事地点，对有关国家进行威慑，以维护美国在全球的战略利益。

（1）越战中的美国航母

1964年8月3日，美国第七舰队的大批舰只奉命开赴北部湾，其中包括"星座"号和"提康德罗加"号航空母舰。"星座"号属"小鹰"级航母，满载排水量81 773吨，1961年开始服役，是当时美国海军最新式的航母之一。"提康德罗加"号则是老式航母。8月5日，美国"星座"号和"提康德罗加"号航空母舰上的64架舰载机对越南鱼雷艇和基地进行攻击，并连续轰炸了越南北方的义安、鸿基和清化等地区，制造了震惊世界的"北部湾事件"，从而将战争扩大到越南北方。而且一打就是十年。

1965年5月，美国海军88架"空中之鹰"和"战斗者"飞机从美国海军第七舰队的航空母舰上起飞，开始对越南北方实施大规模空袭。美国海军的舰载机和战斗机掩护的B—52高空轰炸机穿过"17度线"，实施代号为"隆隆雷声"的计划，对越南北方进行地毯式轰炸。

在整个越南战争中，美国海军在西太平洋的航母大大超过和平时期规定的数量，达到正常部署的两倍以上。从某种意义上说，越南战争是由于从大西洋派来了航母才得以维持下去。大西洋中6艘航母中至少有两艘经常在越南附近海域活动。

（2）入侵格林纳达的美国航母

1983年10月14日，格林纳达发生军事政变，亲苏的派别掌握了政权。在战略家的眼中，格林纳达的名字与直布罗陀、马六甲、福克兰、迪戈加西亚具有同等价值。格林纳达是加勒比海出入大西洋的门户，西与巴拿马运河遥遥相对，地理位置十分险要。而且美国向来把加勒比海地区视为自己的后院。美国人正担心后院起火，后院就真的起火了。美国立刻做出强烈而又快速的反应。10 月 21日，美国总统里根命令正在前往地中海途中的美国海军"独立"号航母战斗群，立即改变航向，直驶加勒比海，执行"满腔怒火"行动。

美国"独立"号航空母舰

"独立"号航空母舰是由纽约海军船厂用了三年半时间，花费了近3亿美元，于1959年1月建造完工的大型航空母舰。舰长326.1米，宽39.63米，飞行甲板宽82.3米，航速为63千米/小时，满载排水量为80 643吨，载有当时最先进的A—6、A—7、A—10舰载攻击机和"眼镜蛇"式武装直升机等85架飞机。在导弹护卫艇、巡洋舰、驱逐舰等十余艘舰艇的护卫下，"独立"号航母气势汹汹地杀向加勒比海。

10月24日，"独立"号航空母舰特混舰队抵达格林纳达海域，并建立了92.6千米的海上封锁区，切断了格林纳达岛与外界的海上联系。25日凌晨，美军近百架直升机拉开了进攻格林纳达的序幕，开始了4天的战争。从"独立"号航空母舰上起飞的A—6攻击机以强大的火力把格军压制在地面上。与此同时，从"关岛"号上起飞的几十架直升机越过格军在海岸线的防守阵地，直接降落在珍珠机场的跑道上，训练有素的海军陆战队员轻而易举地占领了珍珠机场，使得美国在格林纳达有了立足之地。后来美国又占领了萨林斯角机场。同时，从"独立"号航母上派出了两支各11人的海豹突击队，一支进入自由格林纳达电台，冲进播音室，播放劝降书，另一支去营救格林纳达总督保罗·斯库恩。28日凌晨，美军发动了向格林纳达岛首都圣乔治的最后进攻，15时美军占领了圣乔治。

（3）古巴导弹危机中的美国航母

1962年10月，苏联企图在古巴建立SS—4中程导弹基地。美国出动包括航母在内的183艘军舰对古巴周围926千米海域进行封锁。10月24日上午，美国派出一支由90艘舰艇和8艘航空母舰、68个飞行中队组成的混合舰队，围绕着古巴海域设置数道拦截线，把大西洋通向古巴的5条航道全部封锁起来，围得水泄不通，航母舰载机24小时不间断地对广阔的海域进行巡逻监视。美国特混舰队封锁古巴海面后，向古巴方向行驶的20条苏联货轮被迫停了下来，并先后掉头返航。10月25日，双方处于僵持状态。

10月26日，僵局开始打破，赫鲁晓夫接连给肯尼迪写了三封信，表示愿意谈判。美国以强大的压力迫使赫鲁晓夫步步退让，接受了美国的屈辱通牒。11月8日至11日，在美国军舰和飞机的监督下，苏联船只从古巴运走了导弹，11月21日，赫鲁晓夫又答应在30天内从古巴撤走所有"伊尔—28"轰炸机。

美国之所以在古巴导弹危机中大获全胜，一个重要原因是拥有多艘航空母舰的美国海军起到了关键作用。航母舰载机作战半径达1 000多千米，一艘航母可以监视34万平方千米的广阔海域，8艘航母合理配置在封锁线上，充分发挥控制作用，牢牢控制着古巴周边海域，而苏联海军没有这种实力，导致赫鲁晓夫只能让步，接受肯尼迪的条件。

（4）伊拉克战争中的美国航母

1990年8月4日，美国推出了对付伊拉克入侵科威特的"沙漠盾牌"行动。在大西洋的"独立"号航母紧急开赴前线。"独立"号等三艘航空母舰上的180架战斗机参加了这次行动。"独立"号上装有舰载机84架，配有20架F—14"雄猫"战斗机，20架

F/A—18"大黄蜂"战斗攻击机，20架A—6"入侵者"重型攻击机，10架5—3A"海贼"反潜机，4架EA—6B"徘徊者"电子干扰机，4架E—2C"鹰眼"预警机，6架SH—3H"海王"或SH—60F"海鹰"反潜及勤务直升机。

随着美军在海湾战争中的兵力不断增加，美国航母增至七艘。海湾战争成为冷战时期以来参加航母最多的一次战争。美国航母的主要任务是对伊拉克进行多方向海上封锁。"艾森豪威尔"号和"肯尼迪"号航母编队在红海分别载有90架舰载机。"萨拉托加"号、"美国"号和"罗斯福"号航母编队在地中海，这三艘航空母舰共载有F—14、F/A—18、A—7、A—6E等近300架不同型号的飞机。"独立"号航母编队在阿曼湾。"中途岛"号航母编队在波斯湾，"中途岛"号航母是美国最老的一艘航空母舰，曾多次进行现代化改装，舰上的飞机虽然不多，但全部是全天候的攻击机和轰炸攻击机。

七艘航空母舰上的作战飞机达600多架。海湾战争首先是从空袭开始的，并且空袭贯穿于战争的全过程。空中力量在海湾战争中发挥了突击作用，对战争的整个进程和最后结局产生了重大影响。美国海军舰载机是空袭的重要力量，战争期间共出动了近3万架次飞机，摧毁了伊拉克大批关键性目标。

1998年12月17日，美国和英国以伊拉克"不同联合国核查小组合作"为由，对伊拉克实施"沙漠之狐"的行动。此次行动，动用了包括"企业"号和"卡尔·文森"号航空母舰在内的39艘战舰，以及B—52战略轰炸机、F/A—18"大黄蜂"战斗攻击机在内约200余架各种作战飞机对伊拉克进行军事打击。23时07分，从"迈阿密"号潜艇上发射的第一枚"战斧"巡航导弹飞向伊拉克，拉开了"沙漠之狐"的战幕。半个小时后，一架架载有激光制导炸弹和自由落体炸弹的F/A—18"大黄蜂"战斗攻击机和F—14"雄猫"战斗机从"企业"号航空母舰上起飞，呼啸着冲上天空，深入伊拉克实施轰炸。在首轮袭击中，"企业"号航空母舰战斗群中的"迈阿密"号潜艇和其他舰只共发射了大约200枚"战斧"巡航导弹，平均每两分钟发射一枚直到天亮。在这个晚上，实施打击任务的全部是美国海军。第二天晚上，"企业"号航空母舰战斗群发射了大约50枚巡航导弹。第三天晚上，"卡尔·文森"号航空母舰率领6艘舰只组成的战斗群抵达海湾，加入"沙漠之狐"行动。第四天晚上，"卡尔·文森"号航空母舰参战，20日清晨，"沙漠之狐"行动结束。

　　这次军事行动，体现了航空母舰战斗群强大的空中打击能力和多样化的打击手段，使萨达姆的军事力量遭到重创，再也没有恢复元气。2003年3月20日，美国联合英国等国家发动代号为"自由伊拉克"的军事行动，到2003年5月1日战争结束，历时43天，彻底推翻了萨达姆政权的统治。

　　在这次战争中，美国出动了"林肯"号、"星座"号、"小鹰"号、"罗斯福"号和"杜鲁门"号五个航空母舰战斗群，共有各型飞机380架。"林肯"号、"星座"号、"小鹰"号三个航空母舰编队部署在波斯湾。"杜鲁门"号和"罗斯福"号航空母舰编队在地中海。另外，"尼米兹"号航空母舰在行动中替换"林肯"号航空母舰编队执行了打击任务。

美国海军参战的 6 艘航母战斗群的舰载机与空军战机一起组成联合空中力量，参与实施了"斩首"行动、"震慑"行动和支援地面作战等行动，对伊拉克军政首脑、指挥中枢、野战部队等目标进行了有效的打击，为联军占领巴格达、推翻萨达姆的统治立下了汗马功劳，发挥了不可替代的作用。

布什政府为了长期控制海湾石油资源而发动战争的做法，遭到国际社会的广泛批评，美伊战争使美国深陷伊战泥潭而不能自拔，国内反对声也一浪高过一浪。事实证明，用战争的手段并未给世界和自身带来安宁。

(5) 美国航空母舰在科索沃

1999 年，北约发动了对南联盟的空中打击，科索沃战争爆发了。这场战争的目的是美国等西方国家借解决科索沃危机，排除东欧、南欧地区最后一个被西方视为异己的米洛舍维奇政权，从而彻底控制巴尔干半岛。科索沃战争从 3 月 24 日开始，至 6 月 10 日，北约正式宣布停止对南联盟的空袭，历时 78 天。在北约空袭的巨大压力下，南联盟总统米洛舍维奇接受了由俄罗斯特使切尔诺梅尔金、芬兰总统阿赫蒂萨里、美国副国务卿塔尔博特共同制定的和平协议，南联盟军队随即开始撤离科索沃。

在这场以空中打击为主的战争中，以三艘航空母舰为核心的海上编队构成了北约的主要海上打击力量。在亚得里亚海，驻有法国的"福熙"号航空母舰，载有 16 架"超级军旗"攻击机、4 架

"军旗"侦察机和数架直升机,还有美国的"罗斯福"号航空母舰战斗群和英国的"卓越"号航空母舰战斗群。"卓越"号航空母舰载有7架"鹞"式战斗机和9架"海王"直升机。航空母舰作为北约重要的海空作战力量,参加了空袭南联盟的全过程。总之,从这几次局部战争来看,美国仍将使用航母首先介入突发事件,并为联合作战控制海洋,增加空袭力量。航空母舰已经成为美国插手世界事务的第一打手。

(6)美国航空母舰在阿富汗

2001年10月7日,美军对阿富汗的军事行动打响,18时30分,停泊在阿拉伯海的"卡尔·文森"号航空母舰上起飞了一架架的飞机向着阿富汗飞去。

美国"卡尔·文森"号航空母舰

在第一攻击波中，"卡尔·文森"号航母一共出动了20架舰载机，负责攻击阿富汗机场、雷达设施以及本·拉登的基地组织的营地。

在阿拉伯海的另一处海面上，"企业"号航空母舰起飞了挂满炸弹的F—14"雄猫"战斗机。22时30分，"卡尔·文森"号航母再次出击，12架飞机陆续从甲板上腾空而起，直奔阿富汗首都喀布尔。

10月10日，从日本横须贺海军基地出发的"小鹰"号航母战斗群抵达战区，进一步加强了海军的空中打击力量。随后，从美国本土出发的"罗斯福"号航母战斗群也来到战区。"卡尔·文森"号和"企业"号航母都在距离阿富汗960千米的海上，连续两天不间断出动飞机轰炸目标。随着战事的推进，根据作战需要，2001年11月12日，"斯坦尼斯"号航空母舰战斗群启程前往阿拉伯海，准备接替"卡尔·文森"号航母战斗群，于12月16日到达。"斯坦尼斯"号航空母舰战斗群共有10艘美国和加拿大舰艇，其上载有第九舰载机联队，约8 500名官兵。2002年1月，"肯尼迪"号航空母舰战斗群赴阿拉伯海接替"罗斯福"号航空母舰战斗群作战。

阿富汗战争打了十几年，美国媒体认为阿富汗战争已经超过当年的越战，成为美国历史上时间最长、最不该打的一场战争。尽管美国总统奥巴马还在强调胜利，但越来越多的人质疑："赢得阿富汗之战，只不过是一种幻觉。"

三　"辽宁"号航母闪亮登场

◇ ⋯⋯⋯⋯⋯⋯⋯

　　2012 年 9 月 25 日，中国大连造船厂将"辽宁"号航空母舰交付中国人民解放军海军。自此，中国有了自己的第一艘航空母舰。中国人的航母梦终于梦想成真。

　　中国是世界上最早的航海大国之一。早在春秋时期，中国就开始建造大型战船，其造船业并不落后于当时的地中海国家，特别是沿海的齐国、吴国和越国的造船和航海技术较为发达，并开始开通海上丝绸之路。到了唐代，中国的造船业和航海技术已经相当发达。明朝初期郑和七下西洋，中国的造船和航海技术更是达到了巅峰。从 1405 年到 1433 年，一共跨海远航了七次之多，拜访了 30 多个西太平洋和印度洋的国家和地区。郑和最远曾到达非洲东部、红海、麦加，并有可能到过澳大利亚、美洲和新西兰。国外史学家认为，郑和船队先于哥伦布发现美洲大陆、大洋洲等地。他的航行比哥伦布发现美洲大陆早87年，比达·伽马早92年，比麦哲伦早114年。对于当时的世界各国来说，郑和所率领的舰队，从规模到实力，都是无可比拟的。即便如此，郑和在28年的远洋中，从未曾侵占别国的一寸土地，也未曾掠夺外国任何钱财，堪称一支和平的仁义之师。

令人遗憾的是，郑和之后，明清两代由于实施海禁政策，中国的航海业开始衰败。之后外国列强先后发动了两次鸦片战争，逼迫清政府签订了一个又一个不平等条约。1894年，中日甲午海战爆发，北洋海军全军覆灭，中国已成为任人宰割的羔羊。

在我们民族遥远的历史记忆中，曾经拥有过来自海洋的辉煌，但更多的是来自海洋的坚船利炮带来的任人宰割的屈辱。受尽屈辱的中国人梦想拥有自己的坚船利炮，而一个叫陈绍宽的人，点燃了中国人最初的航母梦……

1928年，时任中国海军第二舰队司令的陈绍宽便向国民政府呈文，要求花2000万元建造中国第一艘航空母舰。陈绍宽的提议并没有引起人们的重视。在当时的历史条件下，陈绍宽发展航空母舰的梦想难以成真。

而当时我们的邻国日本，却在大力发展航空母舰。1937年8月淞沪会战爆发时，日本的"加贺"号航空母舰、"凤翔"号航空母舰、"龙骧"号航空母舰来到中国沿海甚至深入长江内河，起飞了大批舰载飞机对中国军民进行狂轰滥炸。

新中国成立后，毛泽东主席曾经题词："为了反对帝国主义的侵略，我们一定要建立一支强大的海军。"1973年，周恩来总理在会见外宾时感慨地说："我们不能让中国的海军再去拼刺刀。我搞了一辈子军事、政治，至今没有看到中国的航母。看不到航空母舰，我是不甘心的啊！"中国发展航母的奠基人刘华清说："如果中国不搞航母，我死不瞑目！"

刚刚成立的新中国百废待兴，没有重点选择发展航母，而是把重点放在了"两弹一星"上。当中国人不用再勒紧裤腰带的时候，发展自己的航母终于摆上了议事日程。

1998年10月，中国成功收购俄罗斯航母"明斯克"号，因"明斯克"号先卖给韩国，韩国进行了一次拆除，中国收到的只是一堆废铁。2000年5月21日，中国再次收购俄罗斯航母"基辅"号，仍然只是空壳。

2001年，上海建造"水泥航母"，取名"东方绿舟"，作为国防教育博物馆。2003年，山东滨州建造水泥航母"中海航母"，是为了开发旅游。2008年，武汉又建造了一艘"水泥航母"。

航母主题公园将航母那巨大威武的身影直观地展示给中国的老百姓。中国的航母梦从高层、从军方蔓延到了民间。

自改革开放以来，伴随着中国经济的不断开放和腾飞，中国漫长的海防线需要保卫，海上的石油运输需要保护，尤其是海上的领土争端，使得我们一定要建立起强大的海军力量，因此中国也要有自己的航空母舰。建立起一支强大的航空母舰编队一直是中国人的梦想。

中国人的航母梦，开启于俄罗斯。因为海军当时的发展思路，一个是买个半成品，另一个是自行研制。当时的形势要求起步要快。显然，前一种更适合快速起步。但是，如果从欧美入手那肯定是死路一条，捷径还是回到俄罗斯。

当时，苏联解体，苏联最大最好的航空母舰造船厂是乌克兰尼古拉耶夫黑海造船厂，中国盯上了正在建造的"瓦良格"号。该舰是苏联海军"库兹涅佐夫元帅"级航空母舰的第二艘，由乌克兰尼古拉耶夫黑海造船厂1986年建造，1988年11月25日下水，该舰长304.5米，最宽37米，标准排水量61 500吨，能载44架苏—33舰载机。"瓦良格"号是苏联最先进的航母。苏联解体后，因为缺乏资金，于1992年1月停工。当时，该船的工程量已经完成超过60%。全舰已从船台下水，停泊在船坞码头，舰上的大型设备已经装上，电缆也有不少铺设到位。当时乌克兰计算，解体该舰需要2.5亿美元，但出售解体后的废钢却只能得到500万美元。于是，乌克兰积极为该舰寻找下家。

1994年，我国正式提出购买已经完成2/3工作量的"瓦良格"号（包括航母、舰载机和电子设备）。2002年3月，历经艰险的"瓦良格"号终于抵达中国大连港。

"瓦良格"号在大连港进行了改造，2012年9月25日，由"瓦良格"号脱胎换骨而来的我国首艘航空母舰"辽宁"号正式建成，中国大连造船厂将"辽宁"号航空母舰交付中国人民解放军海军。自此，中国有了第一艘自己的航空母舰。中国人的航母梦终于梦想成真。

"辽宁"号航空母舰

　　"辽宁"号航母装备有强大的武器装备系统。其中，歼—15 由沈阳飞机工业公司研制生产，是中国第一代舰载战斗机。歼—15 飞机是我国自行研制的首款舰载多用途战斗机，具有完全的自主知识产权，可执行制空、制海等作战任务。它不仅具有作战半径大、机动性好、载弹量多等特点，还可根据不同作战任务携带多型反舰导弹、空空导弹、空地导弹以及精确制导炸弹等精确打击武器，实现全海域、全空域打击作战，各项性能可与俄罗斯苏—33、美国 F—18、法国"阵风"等世界现役的主力舰载战斗机相媲美，因此被誉为凶猛强悍的"空中飞鲨"。

　　航母的出现必然意味着中国将建立自己的航母战斗群。2013 年

11 月 26 日，"辽宁"号航母开赴南海训练，此次最大的亮点并非赴南海，而是编队构成。编队包含"沈阳"号和"石家庄"号两艘防空驱逐舰，"烟台"号和"潍坊"号两艘护卫舰。这是中国第一个航母战斗群。包含舰队远程、近程防空＋反潜＋空中攻击力量。"辽宁"号顺利完成为期 37 天的南海海域科研试验和训练，2014 年 1 月 1 日上午返航靠泊青岛某军港。同时，由"辽宁"号和导弹驱逐舰、导弹护卫舰、船坞登陆舰、攻击型核潜艇组成的中国海军首个航母战斗群的全景照片首次曝光。

中国海军首个航母战斗群

2011 年 7 月，当我国对外宣布正在改建第一艘航空母舰时，许多西方媒体评论称："驾驭航母，中国至少要用 10 年……"一年零五个月，中国航母事业却以惊人的速度向前推进。在这一进程中，凝聚着一个特殊群体的忠诚、奉献、勇敢和智慧，是他们托举起共和国的航母事业。让我们走近"辽宁"舰，聆听中国第一代航母人背后的故事。

(1) 航母英雄试飞员

2011年7月的一天，阳光洒在静静的海面上。由海军航母战斗机试飞员戴明盟驾驶的歼—15在陆地模拟滑跃甲板上呼啸升空，巨大的轰鸣声打破了大海的宁静。这是国产舰载机的首次滑跃升空，在中国海军历史上具有重要意义。

航母试飞员戴明盟来自海军航空兵著名的"海空雄鹰团"，这支部队有着非常辉煌的历史，在抗美援朝和国土防空作战中击落、击伤敌机31架，涌现出王昆、舒积成、高翔等一大批战斗英雄和"王牌"飞行员。1965年12月，国防部发布命令，授予该团"海空雄鹰团"荣誉称号。

中国第一艘航母"辽宁"号装备的歼—15是第三代战机，对航母试飞员的要求十分严格，必须是第三代战机飞行员才能入选。而戴明盟所在的"海空雄鹰团"，装备的正是第三代战机。另外，戴明盟成为航母试飞员的主要原因不仅仅是他的飞行技术好，还因为他有着过硬的心理素质。

1996年8月7日，年轻的戴明盟和他的战友驾驶着一架歼—6战机进行训练飞行，飞机突然发生故障起火，为避免伤及地面群众和重要设施，两人操纵着随时都可能爆炸的飞机，一直坚持到飞机离地面只有500米时才跳伞。所幸戴明盟和他的战友都无大碍。

有不少飞行员在经历过这种险情之后，会产生心理阴影，不愿再从事飞行工作，而戴明盟作为年轻飞行员，并没有因为遭遇险情而胆怯，反而在后来的飞行中显得更成熟更稳重了。

2012年9月25日，中国第一艘航空母舰"辽宁"号在大连造船厂举行了交接仪式，从此，中国海军的序列中又多了一个举世瞩目的新成员。

有人说飞机着舰是世界性技术难题，被称为"刀尖上的芭蕾"。那么，这个"刀尖上的芭蕾"的场地有多大呢？国产歼—15飞机总设计师给出答案：飞行员在高空降落之前，看到的航母甲板就像胸牌这么大。时速240千米的飞机必须精确地落在航母甲板尾部的4根阻拦索之间，每根阻拦索间隔12米，有效着陆区只有36米。着陆区的宽度还不及陆地跑道的一半。专家说，舰载机首次着舰成功的意义，完全可以与航天行动相媲美。

飞机在航母上降落，不仅仅是跑道的长度发生了变化，而且操作的理念也完全不同。飞机在陆地机场降落时要减速，航母舰载机降落时却要加速，这样便于一旦挂索失败后"逃逸复飞"。如果减速，飞机挂索失败后就飞不起来，会坠入海中。尽管国产舰载机上的设备很先进，但是作为航空母舰上的飞行员，在很短的时间内就要精准降落，需要过人的胆量和高超的技术。

2012年11月23日是歼—15首次着舰的日子。清晨，东方刚燃起一团旭日的红光，歼—15的陆地机场和在大海上航行的"辽宁"舰就同时忙碌起来，一边在准备飞机起飞，另一边在准备迎接飞机着舰。

驾驶歼—15 首次着舰的试飞员是海军优秀飞行员戴明盟。陆上试飞指挥部领导为避免给飞行员造成心理上的压力，规定所有人不准到机场为试飞员送行，要让人感觉今天的飞行和往日并没什么不同。此时，"辽宁舰"正航行在离机场不远的海面上，飞机飞行十几分钟就到达航空母舰的上空。飞机上装有摄像头和图像传输设备，飞机前方的图像就像电视直播一样传输到地面塔台的大屏幕上。大家紧盯着大屏幕，谁也不说话，塔台上安静极了。

这是一片银亮的海，海水澄碧，像无边无际的锦缎，闪闪悠悠地缠动着。飞机在航母的上空盘旋了一周，建立航线，开始着舰。飞机从 400 米的高度，以 240 千米的时速飞向"辽宁"舰，胸牌大小的航母在迅速变大，就在歼—15 即将触舰的瞬间，画面图像突然消失，屏幕上出现"信号传输中断"的字样，面对此时的黑屏，大家都屏住了呼吸。

几秒钟之后，图像又出现了，歼—15 正在上升。原来，在飞机高度较低的情况下，受岸边山脉的遮挡，歼—15 的视频信号是传不过来的。舰载机再次复飞。

歼—15 升上高空，再次建立航线，再次飞向"辽宁"舰，再次出现黑屏。虽然这一次大家都有了心理准备，但是在图像信号中断以后，还是不由得把心提了起来，大家的呼吸都像是停止了，谁也不说话，都目不转睛地盯着屏幕。

"丁零零……"塔台上的电话突然响起来，指挥员迅速抓起电话，电话里传来一个激动的声音："试飞成功！"原来电话是从"辽宁"舰上打来的，戴明盟首降成功！歼—15 的成功着舰，标志着中国航空母舰向形成战斗力方向迈进了一大步。

歼—15 舰载机降落在"辽宁"号航母

　　电话声音很大，大家都听到了，顿时，塔台上所有的人都鼓起掌来，很多人流下了激动的眼泪。据有关专家评论说，舰载机着舰完全依靠飞行员手动操作，而且整个过程都处于"亚安全状态"，其难度远远大于航天员的太空任务。

　　中央军委授予戴明盟"航母战斗机英雄试飞员"荣誉称号。

（2）"辽宁"舰上的娘子军

　　秋高气爽，晴朗的高空万里无云。这一天，胡锦涛同志到"辽宁"舰上视察，并与航母官兵亲切交谈，详细询问他们的工作、训练和生活情况。在接受检阅的水兵队列中，有一位英姿飒爽的女兵格外引人注目，她就是南京艺术学院优秀毕业生张蕊。

　　张蕊出生在河北廊坊一个农村家庭，父母亲靠摆摊炸油条来维持生活。为了供家里的两个孩子上学，老两口每天四五点钟就得起来发面。张蕊从小就懂得父母挣钱不容易，小小年纪便开始帮父母干活。困难和艰辛磨炼出她比同龄人都要成熟独立的坚强个性。

　　上初中后，张蕊开始喜欢上了画画。因为家在农村，她便独自一人到离家百余里的地方学习画画，高考时她又是一个人背着画板，到千里之外的南京参加美术考试，并以优异的成绩考取了南京艺术学院。

　　在大学期间，为了减轻父母的负担，张蕊利用课余时间在一家培训机构当兼职美术老师。上大学的两个暑假，她都选择留在南京，打着三份工赚取生活费。

　　南京是我国著名的三大火炉之一，暑期的气温常常高达40℃以上，整个城市像烧透了的砖窑，使人喘不过气来。她每天大汗淋漓地奔波于好几个地方。她打工赚的钱不仅能满足自己的生活开销，还给自己购置了一台电脑。在别的同学还在用家里给的钱过着衣食无忧的校园生活时，她便已经学会了独立。

　　她曾是学校的团总支副书记，也获得过"优秀学生干部""三好学生"等荣誉称号。毫不夸张地说，张蕊在校期间几乎把各项荣誉都拿了个遍。张蕊乐于助人，同学们有困难都喜欢找她帮忙。她参与制作的三维动画短片《门神》，还获得过2009年全国美展金奖。

　　临近毕业，她毅然选择了参军入伍。得知她穿上戎装时，不少同学都表示非常惊讶。事实上，张蕊的心中早就有了"从军梦"，她对军旅生涯十分向往。在大学期间，部队开始征召大学生入伍，张蕊对这件事情非常关注，无奈的是，几乎每次部队招的都是男兵，她也失望了好几回。而当征召女水兵的机会突然到来时，她便毅然做出了决定："终于赶上了，我不能放过这次机会！"

进入部队后，她分别在海军院校、舰队训练基地进行了船艺、损管、战场救护等共同科目的学习。上舰后，她又分别进行了信号、报务、雷达、操舵等专业的实习，并完成了专业理论学习和远海卫勤演练等阶段训练，通过严格考核，张蕊拿到了上舰的"通行证"。

2010年8月初，作为海军首批24名女水兵之一的她，登上中国海军万吨级的"和平方舟"号医疗船，开始了远航实习训练的航程。"第一次踏上'和平方舟'号真的好兴奋！"回忆起初次上舰的感觉，张蕊满脸笑容："我终于成为一名真正的水兵了！"尽管这种美好的感觉很快就被海上训练的辛苦所代替，但她仍旧利用自己的文艺专长，参加各种文艺活动，成为医疗船上的文艺骨干。在驾驶室的雷达战位上，张蕊是首批通过考试开始独立值更的女水兵。操作时她手上始终挂着一个白色小塑料袋，那是为晕船呕吐准备的。在穿越海上飓风区时，根据张蕊的报告，"和平方舟"号及时调整航向，安全通过飓风区。张蕊及时准确报告情况20余次，为值班船长操船提供了可靠依据。

2010年8月31日，张蕊跟随"和平方舟"号医疗船从舟山起航，赴亚丁湾以及吉布提、肯尼亚、坦桑尼亚、塞舌尔、孟加拉等国执行"和谐使命—2010"医疗任务，其间张蕊和女兵们跨越大洋，战风斗浪，迅速适应了海上生活，并顺利通过考核，成为真正意义上合格的女舰员，结束了中国海军舰船没有女水兵的历史。

2012 年 9 月 25 日是张蕊终生难忘的日子，因为她登上了我国第一艘航空母舰"辽宁"号。据航母领导介绍，为了组建好这支女水兵队伍，组织上派出专人到各个部队进行考核，所有岗位基本上都是二选一，有些特殊岗位、重要岗位甚至是四选一。而张蕊凭着自身过硬的素质，通过了一道又一道的严格考核，如愿成为中国首艘航母上的第一批女水兵。对于自己能够成为"辽宁"舰上的一名女水兵，张蕊感到无比自豪；她坚信，自己的军旅生涯将会更加精彩。

娘子军中的维吾尔族姑娘克亚木是"辽宁"舰上的一名通信兵。她来自新疆和田地区。刚上高一时，她连一句普通话都不会说。如今，这个年龄最小的女水兵能用流利的普通话与人交谈。20 世纪 50 年代，新疆和田地区有一位库尔班大叔，想骑毛驴到北京看望毛主席，感谢共产党给了他们新生活。1958 年，他实现了这个愿望，和全国劳动模范一起，在北京受到毛主席的接见。半个多世纪过去了，这张合影至今仍挂在克亚木家里，原来，库尔班大叔是她的曾祖父。"当年，我的曾祖父库尔班能够走到北京这么远，今天，我能够走出新疆看到大海，全是因为我当上了海军。"服役期满后，克亚木想继续完成高中学业，上大学后再回到部队，当一名有知识的女水兵。

哈萨克族女舰员帕丽丹是一名导航雷达兵，毕业于新疆警察学院。从小，从事警察工作的父亲就把她当男孩养，养成了她好动、直爽的性格。身高 1.76 米的她体质好，又爱打篮球、练跆拳道，艰苦的体能训练不在话下，就是性格有点大大咧咧。航母上有各种规章和条令、条例，就连垃圾都要分类，放错了就会挨批评。"如果连这样的小事都能做好，那么在工作中、业务上，就可以做得更好。'辽宁'舰改变了我大大咧咧的性格。"帕丽丹说。

性格内向的雷达兵马双儿是来自新疆昌吉地区的回族姑娘。有一次，看到一个汉语说得不太好的维吾尔族女兵和别人交流时很困难，马双儿主动走上前，当了一回翻译。其实，她是在考上大学后才开始学习维语的，毕业后在一所煤矿小学当双语老师。"看来，我的维语在舰上也是大有用处的，我得把它捡起来。"马双儿笑言。

近两年，两批共 26 名来自维吾尔族、哈萨克族、回族的女兵，汇聚到由"辽宁"舰近百名女兵组成的航母巾帼方阵中。她们分布在全舰四个部门，从事航海、通信等七个专业的工作。两年来，她们和"辽宁"舰一起走过，一起成长，成为操舵兵、雷达兵、舰载机调度兵等多个特殊岗位的优秀人才。"辽宁"舰的领导对这些少数民族女兵赞赏有加，称她们是"'辽宁'舰上一道亮丽的风景"。

(3) 航母"心脏"的保健医

为了中国的航母事业，一大批优秀海军官兵放弃熟悉的工作环境和稳定的生活条件，别妻离子，在陌生地域、陌生岗位开始了艰苦创业，"辽宁"舰机电长楼富强就是其中之一。作为航母"心脏"保健医的楼富强，每天都要从"辽宁"舰顶舱到底舱，沿着纵横曲折的管道，上下攀爬几百层楼高，在迷宫般的航母中巡视三个多小时，精心维护着航母"心脏"的运转。2013 年 8 月，因在本职岗位上做出突出成绩，楼富强被中央军委荣记一等功。

航母刚刚靠港时，楼富强第一次踏进那个锈迹斑斑的大铁壳，眼前景象让他惊诧万分：从前舱到后舱数十个动力舱室、从上层甲板到底层舱室纵横交错的粗细管道、串联着几千个舱室的复杂线路，一切都是全新的挑战。没有系统完备的学习资料，楼富强自己动手收集相关资料 1 000 余册，翻译 20 余万字的外军资料，系统学习《国外航母工程》《动力装置管理》等书籍 300 多册，记下 240 多万字的学习笔记。

楼富强带领新组建的机电精英团队，白天穿梭在施工现场，熟悉每个舱室、每根管道、每条线路。晚上蹲在昏暗的灯光下，绘制动力系统图。

航母由十几个封闭舰体连接而成，很多地方管路相通却道路不通，有时为了查清一个舱段，楼富强和他的机电团队，要上上下下攀爬几百级台阶。航母上有上千根管道，只要能进去人的，每根他都亲自爬进爬出过。时间长了，汗水在他那红扑扑的脸上流淌。他的安全帽上全是磕碰的痕迹，每套工作服都布满了挂破的洞。

就这样，楼富强带领他的团队创造了第一个全员通过接装培训、第一个全员完成上舰资格论证、第一个介入装备监理、第一个参加换岗值班、第一个提前接管装备等航母接装工作的"五个第一"。2012 年 9 月，"辽宁"舰正式交付海军时，楼富强带领的团队率先具备"全装独操能力"。

"辽宁"舰首航，楼富强安排骨干盯住重要装备，全程记录装备运行情况，他则紧紧铆在机电指挥岗位，几天几夜没有合眼，整整瘦了 4 千克。

在中国，驾驭航母是一项无先例可循的事业。他们学了一门没有师傅的学科，进了一个没有标准答案的考场。试验中，楼富强发现，工业部门提供的系统参数只涉及部分重要节点，无法据此对装备进行全面准确认识。不等不靠，他带着机电团队主动揽下了这个庞大工程。随着一次次试验试航任务的进行，楼富强带领的团队采集整理了主汽轮机、主锅炉装备等近百台主要装备的技术参数一百多万个，成为名副其实的航母机电通。

机电部门是航母的"大管家"。对每次出海，如何科学管理几千个空间单元、成千上万吨油料、几万套大小装备，楼富强提出了建设"动力系统模拟指挥板"的设想。

没有先例可供参考，没有数据可供借鉴，楼富强带领着他的团队重新梳理舰上所有管道线路，分析相互关联，画起了指挥系统图，一画就是一年多。当工业部门按图制作完"动力系统模拟指挥板"后，所有人都为这个"一图观全舰"的创想叫绝。

百万余字的《动力系统操作规程》、四大本近百万字的《机电部门故障汇编》、包括三套千余份系统图纸的《动力系统图册》……几年来，大到整个动力系统的操作流程，小到每次排除故障时所用器具的型号，楼富强都详细记录在案。

2010 年 2 月的一天傍晚，楼富强正在参加接舰培训，家中突发火灾，母亲被烧伤，转往省城医院急救；父亲一着急，心脏病又犯了，晕倒后进了抢救室。楼富强赶到杭州。年迈的老母亲伤得很重，换药时，都可以看到骨头……而躺在另一家医院的父亲，同样需要 24 小时陪护。一边是急需照顾的双亲，一边是航母接装培训的关键时刻，楼富强为难了。权衡再三，他把在舟山的妻子接过来照顾父母，自己抽身赶回部队。11 岁的女儿只身一人留在舟山上学，常常半夜哭着给他打电话："爸爸，你什么时候回来？我一个人在家好怕。"每当这时，他只能流着眼泪安慰女儿："孩子，你要勇敢……"

楼富强就是这样一个普通的航母人。为了保障"辽宁"舰乘风破浪，勇往直前，他默默地奉献着。

（4）航空报国的追梦人

2012 年 11 月 25 日上午，参与舰载机起降训练的现场总指挥，沈阳飞机工业公司董事长罗阳，在"辽宁"舰上突发急性心肌梗死，经抢救无效，于 12 时 48 分在工作岗位上殉职。

噩耗传来，举国悲痛。为什么一个公司董事长逝世大家如此悲痛呢？因为罗阳不是一般人，他是航空报国的英雄。罗阳大学时代的系团总支书记、北航教授郑彦良回忆说："11 月 25 日和 26 日是大喜大悲的两天，所有媒体铺天盖地都是航母舰载飞机成功起降的报道，我非常激动，本想给罗阳打个电话。后来一想，他的老师、同学、同事很多人都会打电话给他，就没有打。没想到第二天，大喜转为了大悲，网上到处都是罗阳的遗像，真是让人无法承受。"罗阳大学时代的系党总支副书记、78 岁的蔡德麟女士一直不相信，四处打电话求证，最后才放下电话号啕大哭："我从事学生工作 12

年半，接触了 1 000 多名学生，罗阳是我最看好的一个。"

罗阳 1982 年毕业于北京航空航天大学高空设计专业。上大学时，他是一个品学兼优的学生。即使在除夕晚上，罗阳与班里的学习委员李兆坚都不回家，坚守在教室里复习功课。郑彦良教授说："现在大年三十还有谁会在教室学习！"郑教授最遗憾的事情是，罗阳几次邀请他去沈阳飞机工业公司参观，他都没去。"当老师的最大幸福，就是在远处看着学生一个台阶、一个台阶向上走，不能给他添麻烦！"郑教授认为，罗阳要腾出精力接待他就是给学生添乱。

小时候的罗阳喜欢动脑子。罗阳的妈妈吴传英是位数学老师，很注重培养他的逻辑思维，他的数学成绩一直很好。爱琢磨事的罗阳，看到别人玩滑轮车，便琢磨给"不能掌控方向、轮子不能旋转"的车装上"方向盘"和活动轮子；会在爸爸引导下组装收音机；做数学题，总要琢磨出不同的解法……长大后，罗阳也是这样，在工作上更是精益求精。

2012 年 1 月，沈阳飞机工业公司"掌舵人"罗阳担任中国第一艘航母舰载机研制现场总指挥。没有经验，也没有现成的关键技术可以借鉴，飞机大国对我国技术上的封锁，逼着航空人只有自主创新一条路可以走。在"辽宁"舰上，罗阳坚持亲力亲为，与科研人员一起整理试验数据，观看每次起降过程，记录和分析飞机状态，在"辽宁"舰上的 8 天 7 夜，罗阳身体不适，也没有中途下舰，甚至都没有去找医护人员检查。

罗阳担任沈阳飞机工业公司董事长、总经理的 5 年，是沈阳飞机工业公司研制新型号飞机任务最多最重的 5 年。一个个难题、难点，好像排着队一样。罗阳善于解决问题，采取多种措施推动研制进度，创造了新机研制提前 18 天总装下线，从设计发图到成功首飞仅用 10 个半月的奇迹。难度高，任务重，时间短，重重考验摆在罗阳面前，可是他就有这么一股不服输、不懈怠的劲头。他曾说，外国人能干成的事情，中国人同样能干成，而且还能干得更好。歼—15 上舰两个月就起飞了，西方舰载机从上舰到起飞需要 5 至 8 年。所以很多外国媒体都说中国是琢磨不透的国家。罗阳和他的团队创造了奇迹！

在"掌舵人"罗阳的领导下，沈阳飞机工业公司的科研、生产任务连年报捷，全面实现了国家重点工程和"十一五"计划确定的任务目标，实现了跨越式发展。罗阳先后获得"国防科技工业创新领军人物""中航工业航空报国金奖""沈阳市杰出企业家"等多项荣誉称号。罗阳是中国知识分子报国情怀的高度凝聚，是"两弹一星"元勋们的精神后人。中国需要更多的罗阳。

这样的人、这样的事，在"辽宁"舰上还有很多很多……

四　航母逸事

01　从女秘书抹口红产生的
　　航母助降镜

◇ ·················

什么地方是世界上最危险的地方？那是智者见智的事情，但航空母舰上不到 1 公顷见方的甲板却一定会排进前三甲。与陆地机场相比，航空母舰这个海上庞然大物的机场真是太小巧了。如果说飞机从那不大的飞行甲板上起飞已经让人瞠目，那么高速飞行的飞机要想在如此小的飞行甲板上降落就更困难了。从飞机上看航空母舰，就像是从空中看一枚邮票。因而航空母舰甲板上的每一米都是宝贵的。飞机的着舰点必须非常准确，若靠前，飞机会冲出甲板掉进大海；若靠后，飞机又可能与航空母舰的艉部相撞。但是，奇怪的是舰载机的飞行员们却并未面露难色，一些经验丰富的舰载机飞行员甚至一边吹着口哨，一边操纵着飞机，平平稳稳地在航空母舰的甲板上起飞、降落。

难道他们有什么法宝吗？的确，飞行员在着舰时，有一个帮助飞行员降落的助降镜，就能安全地着舰了。助降镜是怎么回事呢？原来，为了帮助飞行员着舰，人们开始时设立了专门引导飞机着舰的引导官。这一方式从航母诞生到 20 世纪 50 年代之前一直沿用。这些引导官常常双手举着信号旗指挥飞行员选择正确的着舰点。然而，由于采用引导官引导飞机着舰，就需要引导官要具有丰富的目测经验和敏捷的动作，因此引导官很难挑选。后来，喷气式飞机诞生后，它那极快的飞行速度甚至连经验丰富的引导官也无法为其引导。就在人们冥思苦想着舰的方法时，一件小事使英国海军中校格德哈特产生了灵感。

那是 1952 年的一天，格德哈特走进了女秘书的房间。当时，女秘书正手拿小镜子抹口红。就是这个动作激起了格德哈特的灵感。他仔细地看了一会儿，然后掉头回到自己的房间，找来一面镜子，把口红涂在镜面上作标志，然后把镜子放在办公桌上，对着镜子用下颚接触办公桌的桌面。就这样，他设计成功了第一代航母助降镜——光学助降镜。

这种光学助降镜，实际上是一面巨大的反射镜，设在斜角甲板着舰点一侧，依靠舰艉专门设置的光源，照射到反射镜上，然后通过反射镜再反射到空中，形成一个光的下滑坡面。飞行员在操纵飞机降落时，可以沿着这个光的下滑坡面下滑，并根据飞机在反射镜光束中的位置来修正误差，使飞机安全降落在甲板上。通常，助降镜的光柱可照射3.7千米以上。然而，尽管这种反射式助降镜对舰载飞机着舰有着巨大的帮助，但由于航空母舰舰体随着海浪起伏会不停地摇摆，反射式助降镜要求舰载机飞行员有着熟练的驾驶技术，否则就难以安全地在甲板上起落。

20世纪60年代，舰载机的速度逐渐加快，反射式助降镜越来越难以适应飞机着舰的需要。高速飞机迫使助降装置不断革新。很快，英国人研制成功了"菲涅耳"透镜式光学助降镜。这种助降镜由甲板边缘装置、电源和控制板组成，安放在航空母舰飞行甲板中部靠左舷的一个稳定平台上，以保证透镜发出的光束不受航空母舰摇摆的影响。

透镜式光学助降镜装置可发出5层光束。这5层光束与飞行跑道平行，和海平面保持一定角度，形成5层波面。这5层光束中间为橙色光束，向上、向下分别为黄色和红色，两边为绿色基准光束。当舰载机下降时，舰载机飞行员就观察助降镜，如果看到的是橙色光，就可以准确着舰了；如果看到的是黄色光束，说明飞机所在处太高，需要下降高度；如果看到的是红色光束，说明飞机所在处太低，需要上升高度，否则就会撞在航空母舰的舰艉上；如果看到的是绿色光束，说明飞机偏左或偏右了，需调整水平位置。

"菲涅尔"透镜式助降镜简单、可靠，便于舰载机飞行员掌握。可是，一旦遇上风雨和浓雾天，由于灯光的穿透力有限，灯光的作用距离大大缩短，而且变得迷离，舰载机飞行员很难在这种环境下准确着舰。

　　20 世纪 70 年代以后，美国人为保证飞机全天候盲降，率先装备了"全天候电子助降系统"。这种助降系统通过装设在航空母舰上的精确跟踪雷达，测得飞机在降落过程中的实际位置和运动情况，将这些测得的参数输入计算机中心，得出舰载机正确的着舰位置，并将舰载机的实际位置和正确位置在计算机中心进行比较，然后发射给舰载飞机的终端设备，指令舰载飞机的自动驾驶仪自动修正误差从而准确着舰。有了"全天候电子助降系统"，不论白天黑夜，还是雨天雾天，舰载飞机都可以间隔几十秒钟，不断地降落到狭窄的航母甲板上，实现全天候盲降。

02　"航母之父"情急挥帽

◇ ....

2012年11月24日，中国首艘航母"辽宁"号成功起降歼—15舰载机，让广大军迷激动万分。其中，报道视频中两名身穿黄色衣服的地勤指挥，一腿屈膝一腿伸直半蹲，身体倾斜右手侧指的动作，被网友戏称为"走你"，并掀起了网络模仿的热潮。

不同年龄、性别、职业的网友纷纷上传自己在不同场合拍摄的照片、视频，有人只是对着电视或模型摆"POSE"，还有人真的用这个姿势"指挥"爱犬、汽车，甚至有警察和消防官兵在警车、消防车边上摆姿势拍的视频。就连《新闻联播》都及时关注了该网络现象，题目是"航母Style走红，祖国强大振奋人心"。不过，也有网友存在疑惑，先进的航母为何还要用原始的"手势语"？这个有趣的动作是怎么来的？为什么要用两个人做同样的动作，算不算人手浪费？现在让我们一起来解读一下"航母 Style"的前世今生。

中国航母甲板指挥员的起飞手势

世界上第一位从船上起飞的飞行员是美国飞行员伊利，1910年，他驾机从一艘改装的巡洋舰上起飞。20 世纪 20 年代，因为国际条约限制造重型战舰，美国海军准备将一些战舰改造为航空母舰。作为试验品，他们最先改造的是一条运煤船"兰利"号，为它装上飞行甲板，并试验各种战斗机在上面的起降。负责这项工作的是肯尼斯·惠廷上校，他曾是一位海军航空兵，经验丰富，被誉为"美国航母之父"。

那时候，舰载机并没有系统的起降指挥流程，主要靠飞行员自己凭眼力判断时机和位置，而在波浪起伏的海面上，从高空俯瞰甲板定位，难度很大。每一次飞机起落时，惠廷上校都站在跑道附近，极为认真地观察，试图寻求技术改进。有一次，当惠廷上校发现一架飞机降落的角度不对时，情急之下，挥舞着自己的帽子，提醒飞行员调整。让他惊喜的是飞行员果然明白了他的意思，参照示意顺利完成降落。事后，飞行员告诉上校，在飞机上看他的动作非常清楚。

惠廷上校和同事们经过研究，觉得这是个办法。既然从飞行员的视角对速度和角度判断不那么准确，那就让地面的人员来观察飞机，然后再用身体语言告诉飞行员。于是，美国航母上第一次设立了"信号官"这个职务，负责从甲板上指挥飞机，而指挥方式就是手语。

作为最早使用航母手势的国家，美国长期以来已经形成了一套详尽的手势系统。例如，地面指挥员双手扶耳朵示意"对讲机通话"；全身"大"字形示意"伸展机翼"；右手平举右肘弯曲掌心向前，左手举大拇指在胸前上下摆动示意"放下弹射杆"，等等。美军的这套手势，在北约国家中实行，基本成为了"国际惯例"。

相比之下，俄罗斯的手势则比较简捷，因为俄罗斯航母是滑跃起飞，没有弹射器，因此他们的甲板指挥员就不必手按甲板，为此，他们干脆把下蹲的动作也节省了。当需要起飞时，指挥员直挺挺站在甲板边上，竖起大拇指，示意可以起飞，然后用食指指向起飞方向。

中国的"辽宁"号航母虽然改装自苏联的"瓦良格"号，但中国对航母的学习和探索，最初却是以美国为主要研究对象的。早在 20 世纪 80 年代，被称为"中国航母之父"的刘华清上将访美，便在美国"小鹰"号航空母舰上进行了考察。

在美国航母甲板上用手势相互比画的人中间，穿黄色衣服的"起飞弹射器指挥官"责任最为重大，而他们的手势语中，"起飞"则是最"酷"的动作。当他们确认战机起飞前的各项准备工作已经完成，弹射器也处于正确位置后，首先侧屈腿下蹲，手在飞行甲板上一按，这个动作表示弹射员操纵弹射器启动。同时，指挥官左手食指和中指指向飞机起飞的方向，其余手指握拳，背对起飞方向，示意"起飞"。两秒钟内，重达数十吨的舰载机便以接近音速的速度起飞升空。因为这一"酷毙了"的手势形如"手枪射击"，因此弹射指挥官又被称为"射手"。这也就是咱们中国航母的"走你"。

美国航母战斗部队的官兵表示一切"OK"

在本次"辽宁"舰的起落试验中，展现出我国航母采用的基本是美国和北约的手势体系。当然，在细微的地方也存在差距。就拿现在网络热烈模仿的"走你"——起飞指令手势来说，美军起飞指令下达前有一个手按甲板的动作，示意"弹射器启动"，而我们是没有弹射器的。采取下蹲姿势指挥，则是因为相比站立姿势，蹲下来更有助于飞行指挥员观察舰载机机身下方与甲板之间的情况。

总之，作为人类军事科技突出表现的实体，航空母舰在强大的战斗力之外，又有着独特的文化风景。无论是七彩斑斓的服装，还是千姿百态的手势，其实都是为了更好地消除沟通障碍，提升战斗效率，而在长期发展中形成的。网友们热衷于模仿"走你"姿势，觉得很"酷"也很有趣，不过，对舰上的地勤指挥员们来说，这个手势却是必须严格执行的战斗任务，为了确保准确的手势沟通，他们为此进行了千百次苦练，甚至累得手都抬不起来了。

在航母指挥手势出现之后的大半个世纪中，随着航母在军事上作用的不断增大，航母舰载机的甲板指挥体系一直保存下来，并不断改进。尽管现在的军事科技已经非常先进，然而舰载机的航母起降，环境恶劣，存在着高达140分贝的噪声，以及大量电磁干扰，而且整个起降过程时间非常短暂。在这种情况下，耳麦、无线电信号等声、电通信方式都不可靠。相对来说，视野范围内人员的身体动作最为直观清晰，也是最实用的通信。因此，无论是飞行员和地勤人员之间，还是不同位置地勤人员之间的"对话"，多数都是通过这种手势语言进行。

指挥员成双成对不只是为了好看，事实上在美军的航母上，经常能看到同一个工位上有两位穿着同样工作服的人员，并且常常给出同样的手势。这其实是一种分工：两个人在相同的位置，注意不同的方向。

就拿黄衣指挥员为例，通常其中一个人负责与飞行员手势沟通，了解飞机的状态，并及时将飞机周围的情况反映给飞行员；同时，另一个指挥员则负责观察飞机前进方向上甲板情况，确认没有障碍或者影响安全的其他因素。两位黄衣人独立判断，如果没问题就向飞行员给出起飞手势。只有当两人同时给出手势，说明两方面均无问题时，飞行员才会起飞。

在美军航母上，位于飞机后方的弹射观察员（绿衣服）也是两人一组工作，一个注意飞机发动机的状态，一个注意甲板的状态，只有两人同时打手势，确保双方面没问题，黄衣指挥员才会下达进一步指示。而对于双发动机的飞机，甚至还需要三人一组，两个人分别在两侧观察一个发动机，一个人注意甲板。

03 航母命名趣谈和彩虹服装系统

◇ ⋯⋯⋯⋯⋯⋯

航空母舰是一个国家海上力量的核心，也是一个国家综合国力的最好体现，航空母舰的魔力是它让人类同时征服了海洋和天空。给这些"巨无霸"起名，就有了特殊的意义。美国航母的命名特色是"总统政要成沙龙"，英国则是"神话诏书溯辉煌"。

起初，美国航母的命名方式多样，既有用富兰克林这样的历史人物，也有用大黄蜂这样的动物，还有用著名的城市地名。

列克星敦是美国马萨诸塞州一座美丽的城市。1885年4月19日在这座城市爆发了美国历史上著名的独立战争，从此它便名垂青史。作为海洋大国的美国海军，对这个名字更是顶礼膜拜，已经5

次把这个光荣的名字作为舰名而载入美国海军的史册。不过，现代
美国航母的命名规矩得多，就是以美国历史上的著名政治、军事人
物的名字命名。

美国"尼米兹"号航空母舰

目前，美国的主力航母——"尼米兹"级核动力航母，便是如
此。首舰"尼米兹"号，是以第二次世界大战名将、美国海军五星
上将，后来担任美国海军作战部长的切斯特·威廉·尼米兹的名字
命名的。二号舰"艾森豪威尔"号，是为了纪念第二次世界大战盟
军最高统帅、五星上将，后来成为美国总统的德怀特·艾森豪威
尔。值得注意的是，"尼米兹"级航母大多以历届美国总统的名字

命名。当然，能上榜的都是在美国历史上做出突出贡献的总统。目前，除艾森豪威尔外，该级舰名中涉及的美国总统如下：西奥多·罗斯福（四号舰），亚伯拉罕·林肯（五号舰），乔治·华盛顿（六号舰），哈里·杜鲁门（八号舰），罗纳德·里根（九号舰），乔治·布什（老布什，十号舰）。另外，"尼米兹"级之后，美国在建的最新一级核动力航母——"福特"级，已敲定的舰名也是以总统命名：杰拉德·福特和约翰·肯尼迪。

英国对航母的命名，一开始采用皇家海军给主力舰命名的传统，即"神话加诏书"式。英国改装的第一艘平甲板"百眼巨人"号，来源于希腊神话中的百眼巨人阿尔古斯。现代航母里程碑"竞技神"号，则来自希腊神话十二主神中的赫尔墨斯。此外，还有"独角兽"号、"巨人"号、"西修斯"号、"珀尔修斯"号、"半人马"号等，这些神话中的人物和事物，让这些航母充满了神秘感。

英国航母名称中还经常出现各种溢美的形容词，比如"卓越"号、"勇敢"号、"光荣"号、"凯旋"号等。这些舰名往往使用较为正式的词汇，比如"勇敢"号，使用 courageous 一词，而不是常用的 brave。此外，英国皇家海军的不少航空母舰都沿用以前的主力舰名称。比如，参加马岛海战的"无敌"号航空母舰，其舰名此前就属于 1907 年建造的著名战列巡洋舰。这条战列巡洋舰参加了著名的日德兰大海战，并在海战中战沉，皇家海军的胡德少将与舰同沉。类似舰名屡见不鲜，给英国航母平添了一抹悲壮与沧桑的色彩。

另一大量建造和使用航空母舰的国家，是 1945 年以前的日本。20 世纪三四十年代，日本联合舰队一度拥有 10 余艘航空母舰，自称"世界最强舰队"。

起初，日本海军一直抱着"大舰巨炮"的思想，对航空母舰的定位低于战列舰和战列巡洋舰。当时，日本给战列舰和战列巡洋舰命名，要么是历史上的著名藩国、政区，如"伊势""日向""山城"，要么是著名的山川名胜，如"金刚"（取自日本大阪及奈良境内的金刚山）等。日本对航母的命名和驱逐舰类似，大多源于传统文化中寓意吉祥的鸟类，如"祥鹤""瑞鹤""飞龙""苍龙""瑞凤""龙凤""大凤""隼鹰"等。这些鸟类大多是日本传统祥瑞，与日本神道教有着千丝万缕的联系。不过，日本是个有"八百万众神"的国度，神或者祥瑞几乎无处不在，与屈指可数的名川大山根本不是一个档次。

此外，也有些航母是保留此前的命名。比如，日本的"赤城"号和"加贺"号航母，都改装自战列巡洋舰，"千岁"号和"千代田"号航母，原来是水上飞机母舰，改装成航空母舰后，都保留了原舰名。不过，不管日本联合舰队如何挣扎，都逃不过正义的惩罚。无论是祥瑞还是名胜，最终都在世界反法西斯战场上成为炮灰。

航空母舰上一般都有舰员几千人，在甲板上工作的人员也有 400 多人，他们许多人虽互不相识，但他们都训练有素，精力集中，有条不紊。可是军舰上那么多人，很容易混乱。为此，美军发明了一套彩虹服装系统，就是以不同颜色的着装，代表舰上工作人员分工的不同。

穿黄色衣服的人，是飞行器管理官，负责指挥飞机移动，对空进行监视。

穿绿色衣服的人，是飞行设备操作员和维修人员，负责将飞机钩在弹射器上并管理拦阻索。

穿棕色衣服的人，是机工长，负责在飞行甲板上管理飞机。

穿蓝色衣服的人，是管理飞机的人员，又被称为木楔或者链条，负责将飞机固定就位。

穿紫色衣服的人，称为葡萄，是负责油料补充及燃油装置的燃料员。

穿红色衣服的人，负责所有武器和弹药。

穿银色衣服的人，负责处理事故和火灾。

穿白色衣服的人，是医疗和安全人员。

甲板上轰鸣的喷气引擎声淹没了一切，工作人员只能依赖手势与飞行员交流。而航母上的这些颜色，能帮助航母上的工作人员将各种工作做得更好。

04 "大象"也怕"小老鼠"

◇ ....

　　1985 年的一个傍晚，美国训练返航的"小鹰"号率领编队的其他舰船航行在日本海上。

　　舰员们三三两两地走上甲板乘凉，马上就到达设在日本的母港了，可得好好放松放松。声呐室里，几名声呐兵竖起耳朵倾听海底的动静。他们丝毫没有受到舰上轻松气氛的影响。舰长早就告诫过他们，苏联人的核潜艇就喜欢跟踪航母，而且还很难发现它们。因为苏联的核潜艇遇到反潜机，能迅速躲避，有较高的探测能力，噪音小、隐蔽性好。尤其是从第三代潜艇开始，都采用水滴型设计，它们是世界上航行最快、下潜最深的潜艇，其武器系统也有很大改进。

6 年前，苏联的 K—469 号潜艇曾经在太平洋海域连续七昼夜紧紧跟踪"里根"号航母而没有被发现。再往前数，1956 年，另一艘苏联潜艇 K—181 号跟踪了"萨拉托加"号航母四昼夜。虽然都没出什么危险，但身后跟着一条深海鲨鱼总让人觉得不是滋味。

通话器里又传来舰长的声音，他再一次命令声呐兵加强搜索，警告他们越是到最后时刻越容易出危险，苏联人的核潜艇专门会挑这个时候找麻烦。可是，声呐兵们连水中鱼儿喘气的声音都听出来了，就是没有苏联潜艇的动静。

"舰长有点儿太过小心了吧？"有人摘下耳机咕哝了一句。话音未落，"小鹰"号庞大的身躯突然震动了一下。与此同时，声呐里传来一声巨响。

"苏联潜艇！"有人率先听到了那熟悉的声音，虽然微弱却很骇人。刚才那一下震动，也许就是它发射的鱼雷！接着会有什么呢？超音速反舰导弹？苏联人的"饱和攻击"是很吓人的。如果上百枚反舰导弹从四面八方劈头盖脸砸过来，连躲都没地方躲。

"上帝呀，那家伙什么时候跑到我们后面来了？猎潜艇、反潜飞机都是吃素的吗？""小鹰"号上所有的人都被声呐室的报告吓了一跳，都停下手里的工作，静静地等待着最后时刻的来临。

奇怪的是，震动之后什么也没有发生，"小鹰"号平安无事！舰长舒展开紧皱的眉头，一口气下了几道命令，全面启动反潜系统！检查伤损情况！全速返航！

回到母港，"小鹰"号终于发现了异常，舰底有一大块碰撞的痕迹。不用说，那是苏联人干的。他们肯定是对"小鹰"号进行了长时间跟踪，最后可能因为距离太近，不小心顶了"小鹰"号一下，造成"追尾"。

幸亏"追尾"的是潜艇，如果换成鱼雷，"小鹰"号上的官兵恐怕就会糊里糊涂地去见死神了。

05　"苏—27"给"小鹰"号"拍照留念"

◇ ······

2000 年 11 月，参加"利剑—2000"美日联合军事演习的美国"小鹰"号航母正耀武扬威地游弋在日本海上。

"小鹰"号航母是美国海军最后一级常规动力航空母舰"小鹰"级的首舰。在美国的海军史上，把"小鹰"级航空母舰称为人类航空母舰发展史上常规动力航空母舰发展的巅峰之作。这也是由于"小鹰"级航空母舰所达到的水平，在常规动力航空母舰中，可以说已经到了登峰造极的程度。不说它庞大的各种设备和武器装备，单说它的早期预警和各种雷达预警设施，就已经非常齐备。这艘航母是美国第七舰队的主力，在美国人眼里，没人敢在太岁头上动土。

美国"小鹰"号航空母舰

11月9日那一天，天气出奇的好，自觉稳如泰山的"小鹰"号正在给舰载机加油，甲板上布满了横七竖八的输油管，跑道完全被盖住了。"小鹰"号毫无防备，就连防空战位上值勤的士兵也偷偷跑到甲板上晒太阳去了，他们想也不敢想谁会来摸老虎屁股。

没想到的是真有胆大的人敢来摸老虎屁股。而且一来就是两个！俄罗斯第11防空军派出了一架"苏—27"和一架"苏—24MR"战斗机悄悄从基地起飞，执行一项大胆而绝密的任务：奇袭"小鹰"号！用他们的话说，我们也不派最先进的飞机，就能给你们的航母发点彩条看看！

此时，"小鹰"号上一切如常，他们根本就没有发现"敌情"。

两架俄罗斯战斗机在保持无线电静默的同时，还启动了机上全部的干扰和伪装设备，悄悄逼近"小鹰"号。"苏—27"在"小鹰"号上空，瞅准时机，猛压机头，向着"小鹰"号俯冲下去。"苏—24MR"则停留在空中，启动全景照相系统记录"袭击"全过程。

俄罗斯"苏—27"战斗机

正在作业的美国兵看到了呼啸而过的战机，但他们以为是自己人在进行例行训练，有人还朝飞机竖起了"V"字形手势。"小鹰"号航母进入了"苏—27"的导弹射程。俄军飞行员虚按发射键，然后猛拉操纵杆，做了一个紧急跃升的动作，飞离危险区——第一次奇袭大功告成！

随着"苏—27"的俯冲、跃升，"小鹰"号上的舰员终于注意到了战斗机尾翼和机翼上鲜红的五角星：是俄罗斯战机！甲板上顿时一片混乱，值班军官呵斥着擅离职守的士兵，勤务军士手忙脚乱地撤除加油管道，飞行员夹着头盔冲出休息室，跌跌撞撞地冲向自己的战机。这一切都被空中的"苏—24MR"收入了镜头中，俄罗斯飞行员的嘴角露出了微笑。终于，当"苏—27"再度逼近时，"小鹰"号上的一架 F/A—18 开始启动，准备升空拦截。为避免冲突升级，两架俄罗斯战斗机选择了撤退，一前一后飞离危险区域，顺利返航。之后，又有两架苏式战机避开美国航母雷达的层层设防，成功突破美国航母的防御圈，打破了美国航母密不透风、滴水不进的神话，将美国水兵乱成一团的情景收入自己的相机。事过之后，美国人三缄其口，但俄罗斯的照片让他们不得不承认确有此事。有人就此评论，如果两军真刀真枪相对，航母防御圈如此轻易地被突破，"小鹰"不变成"死鹰"才怪！

除了俄罗斯这样的强国，甚至连伊朗这样的中东国家的侦察机和无人飞机也曾多次突防美国的航母，与美国航空母舰进行亲密接触，最低飞行高度只有 91 米。

2010 年 4 月的一天，一架伊朗的无人机在美国"艾森豪威尔"号航空母舰上空盘旋了 20 分钟。2014 年 5 月，伊朗无人机又骚扰了美国的"里根"号航空母舰，25 分钟后才被美国人发现，竟敢在太岁头上动土，这还了得！但是，正当他们准备起飞战斗机时，那个小不点却不见了。它拍摄了美国航空母舰的录像，在伊朗的电视台播放。美国人只得哀叹："伊朗人的飞机水平不高，但总能制造出巨大的麻烦！"

06　　　　"企业"号航母遭泥沙"暗算"

◇ ⋯⋯⋯⋯⋯

　　1964 年 8 月，一艘海上城堡般的巨型航空母舰驶入地中海。在它宽阔的飞行甲板上，兴高采烈的舰员们用身体摆出了著名的质能转换方程式：$E = mc^2$。这个简单的公式曾经帮助人类进入核能时代，而这艘巨舰则标志着美国海军进入了核动力舰艇时代。这艘航空母舰就是美国海军第一艘核动力航母"企业"号。它满载排水量超过 9 万吨，可以运载大约 80 架作战飞机在大洋作战。它的经济航速是 37 千米/小时，续航力是 74 万千米，围绕地球转一圈是 5.56 万千米，74 万千米可以围绕地球转十几圈，即便开到 62.2 千米/小时的最高航速，它的续航力仍然有 26 万千米，也可以围着地球转好几圈。这是以前常规动力航空母舰根本无法做到的。

核动力航空母舰在地球上绝对处于超独霸地位。美国海军的第一艘核动力航母被命名为"企业"号，这是美国海军中第8艘以"企业"号命名的舰只。这艘新航母的前辈就是在第二次世界大战中立下赫赫战功的第7代"企业"号常规动力航母。它几乎参加了太平洋所有重要战役，经历了与日军的惨烈搏杀，终于带着20枚"战役之星"勋章迎来了战争的胜利。它英勇顽强的战斗精神和卓著的战功成为美国海军将"企业"号这一名称延续下去的原因所在。然而，让美国海军颇为尴尬的是，2005年10月初，这艘航母竟因遭到水中泥沙"暗算"而导致瘫痪，最后不得不被拖进军港修理。

几个月来一直在大西洋沿岸的纽波特纽斯造船厂维修的"企业"号航母按照计划，10月初在造船厂港口水域试航。然而出人意料的是，在"企业"号准备返航时，没注意到附近水中暗藏的沙滩，结果，它强大的吸力把不远处的泥沙吸进了压缩器，而压缩器是专门为航母动力系统提供服务的。泥沙本不是什么利器，但有些时候却丝毫不逊色于反舰武器。泥沙进入压缩器后，又钻到了"企业"号至关重要的动力系统。贵为海上超级堡垒的"企业"号航母，由于细小泥沙在其动力系统内作怪，很快便面临瘫痪的危险。航母监控系统立即启动紧急程序，自动终止了动力系统的运行。美国海军官员解释说，航母压缩器进了泥沙，就像汽车油箱进了泥沙，同样会导致发动机熄火。一旦航母动力系统出现问题，整个航母便无法行驶。出现这种事情，美国海军官员气得七窍生烟。

美国"企业"号核动力航空母舰

"企业"号作为美国海军现役九大核动力航母之一，可谓美国海军的王牌战舰！它 1962 年服役，全长为 342 米，高约 80 米。2005 年正是其服役的黄金时刻，本来，"企业"号航母在纽波特纽斯造船厂的维修在一个月前就应该结束，然而，造船厂却一拖再拖。现在，旧的问题刚刚解决，新的问题又出现了。这真是让人后怕的问题，如果是发生在战时，瘫痪的"企业"号随时会成为对手反舰导弹攻击的靶子。不仅如此，航母动力系统失效，还可能影响到依靠动力系统工作的其他作战系统。一旦如此，后果真是不堪设想。美国海军紧急动用拖船把它拖进军港维修。不过这次维修改在了离纽波特纽斯造船厂不远的诺福克军港。爱面子的美国海军很注重保护自己的声誉，至今没有透露那位制造"企业"号瘫痪事端的操控人员的姓名。当然，他们也一直隐瞒着庞大的航母被细小泥沙损坏的程度。

07 冰航母的故事

◇ ....

巨大的冰块可以击沉"泰坦尼克"号，但是你能想象用冰块制造军舰吗？这并不是个荒唐的想法，第二次世界大战的困境激发了英国人的想象力，他们完成了"冰航母"的图纸，制作了模型，并把这个怪物命名为"哈巴库克"号。

在第二次世界大战期间，英国海军上将路易斯·厄尔·蒙巴顿，在英美总参谋部魁北克战略会议上提出了一个令人难以置信的奇思妙想——建造一艘世界舰船史上空前绝后的冰制航空母舰。他不仅提出建议，还掏出手枪向会议桌上的两块冰射击。第一块冰被击得粉碎，而另一块冰却毫无损伤。弹回的子弹还差点擦伤参加会议的美国海军上将欧内斯特·金的大腿。在场的人都被惊得目瞪口呆。

蒙巴顿将军用这种表演，来证明两块冰不同的硬度。第一块冰是用水冻结的，结果被子弹击碎。而第二块色泽混浊的冰块内掺入了一定比例的木屑，其刚度、强度比普通冰块大得多。如果用这种特制的冰建造航空母舰，将极大地提高军舰的防御能力。

第二次世界大战时期英国设计的"冰航母"

蒙巴顿将军声称："利用这种经济、快速的特制冰制造航空母舰就等于掌握了取得战争胜利的武器。"他还认为，一艘长600米的巨大的"冰航母"既可作为浮动岛屿停放大批飞机，又可作为反攻纳粹德国控制欧洲大陆的跳板。济济一堂的参谋人员像听天书似的瞪大了眼睛。他们根本无法相信用冰能造出航空母舰，更无法相信冰造的航空母舰能够战胜德国那一群群神出鬼没的"狼群"潜艇。当时，盟军在迪埃普、圣那撒雷和布洛涅的三次登陆均以失败告终。仅 1942 年 11 月，盟军就有 134 艘运输商船被德国潜艇击沉。英国这个靠海上补给的国家几乎被封锁。英国海军上将蒙巴顿勋爵的指挥舰，两次被德国人击沉，他本人也差点送命。伦敦的生活用品甚至只能维持一个月，急得丘吉尔首相不知所措。战争期间，英国国内钢材奇缺，无法建造很多的反潜驱逐舰和护航航母。用什么对付德国人的水下"狼群"呢？这成了战争的关键问题。第二次世界大战的困境激发了英国人的想象力，他们提出了"冰航母"的设想。冰制航空母舰的设想竟使丘吉尔也着了魔。他指示总参谋长黑斯廷斯·伊斯梅对这项计划进行论证。

在此之前，建造冰制航空母舰的计划由记者兼间谍的杰弗里·派克于 1942 年 10 月提出。派克最初提出将北极海域的巨冰拖至大西洋改造成人工冰岛。不过，这一设想曾一度流产。因为，冰山的绝大部分位于水下，而北极以外地区的冰块又太薄，根本不可能抗击大西洋高达数米的大浪。1943 年初，美国科学家赫尔曼·马克和瓦尔特·霍恩斯泰发现，将棉花或纤维加入淡水研制而成的冰块具有良好的机械性能和高强度。这一发现不仅给派克的设想带来了转机，也带来了蒙巴顿的热情推荐和丘吉尔的着迷。

总参谋长黑斯廷斯·伊斯梅很快组织了一批物理学家。这些专家于 1943 年 5 月开始在加拿大落基山脉下帕特里夏湖建造冰制航空母舰的模型。一个月后，一艘长 20 米、外面贴着木板、内壁涂着沥青、船体上凿着管道状通风孔的冰制航空母舰问世了。后来，这个巨大的冰疙瘩竟然度过了夏天而没有融化。海军对设计的航空母舰提出了更高的要求：该舰必须能够经受 30 米高海浪的撞击，舰上的冰跑道长度必须能让战斗轰炸机起飞，而且，当它受到鱼雷攻击时，只需用冰水填上即可堵漏。根据海军的要求，科学家们设计出一艘长600米、舰壁厚达12米、总重量220万吨、有着26只螺旋推进器的"哈巴库克"号冰制航空母舰。该舰可容纳1 500名士兵和200架飞机，内部装有冷气机，以使它在热带航行时不至于融化。

这艘令世人瞩目的航空母舰的首批图纸很快就由蒙巴顿勋爵送到魁北克作战会议上。根据计划，该舰造价为8 000万美元。美国总统罗斯福在蒙巴顿上将的游说下，竟也同意出资建造。但他还是谨慎地授权自己的技术顾问布什对计划进行研究。经过仔细核算，布什和蒙巴顿进行了一次开诚布公的会谈，随之宣布这一计划简直荒唐透顶！冰制航空母舰计划就这样流产了。其中最主要的原因就是对舰上大型动力装置的散热量估计不足。事实上，只要发动机一启动，周围的冰就会大量融化。由于当时的科技水平的限制，许多技术难题一时无法解决，"冰航母"计划只好暂停。随着1943年10月，蒙巴顿将军就任盟军东南亚战区司令，"冰航母"计划就这样不了了之了。

制造"冰航母"这一奇思妙想，在舰船史上确属空前绝后，至今冰制航空母舰"哈巴库克"的蓝图还保存在英国皇家海军的档案馆中，成为珍贵的历史文物。

08　日本的潜水航母

◇ ⋯⋯⋯⋯⋯

航空母舰成为海上霸主，舰载机驰骋海空。有人设想：如果把航空母舰的优点与在海下对航空母舰威胁最大的潜水艇结合起来会怎么样呢？这种像科幻一样的"潜水航母"吸引了各国的科学家。在第二次世界大战中，德国、英国和日本都对"潜水航空母舰"进行了研究，日本率先研制出了世界上第一艘潜水航空母舰——"伊—400"。

1943年1月18日，"伊—400"号在日本吴县海军造船厂开工建造，"伊—401"号及"伊—402"号不久后在日本佐世保开工。"伊—400"采用双壳艇体，艇长122米，宽12米，满载排水量

6 560吨，最大乘员 220 人。可以容纳 3 架水上飞机。在"伊—400"级潜水航母的前部有一条长 26 米的飞行弹射道，飞行弹射道从机库门一直延伸到艇首处。该艇采用压缩空气式飞机弹射器，在弹射时，飞机托架可以向前延伸 22 米。在最初阶段，弹射搭载 3 架飞机需要一天的时间，后来经过改进，使一架飞机升空仅仅需要 6 分钟。回收时使用位于弹射器左侧的吊杆，这套独创性的设计不但操作简单，而且具有很高的安全性。"伊—400"级潜水航母的舰载机可以搭载 1 枚鱼雷或者是 2 枚用于俯冲投弹的 250 千克的炸弹。

日本"伊—400"级潜水航母

艇上安装 4 台 5 843.5 千瓦柴油机和 2 台 1 788 千瓦电动机。"伊—400"的水面最大航速 34.6 千米/小时，水下最大航速 12 千米/小时。由于具有超大容量的燃油箱，该级艇在 26 千米/小时的航速下最大航程可达 69 450 千米，实在令人惊异！最大下潜深度也达到了 100 米。这对于曾经制订的攻击美国本土的作战计划来说是完全没有问题的。

从"伊—400"级潜艇的外观和结构上看，该艇的设计十分特别，其舰桥和指挥塔的位置不在甲板正中，而是左偏 2.2 米。为了平衡，巨大的机库则右偏 0.6 米。这么做的缺陷是显而易见的，在以 3.7 千米/小时低速水下潜航时，潜艇必须 7 度右舵才能保持直线前进，鱼雷攻击时更是必须考虑艇体左转和右转半径不一致的情况。特别是在潜艇进水的时候，如何保持艇体平衡更是关键问题。不过在通常情况下，该级艇耐波性较好，完成紧急下潜动作仅需 56 秒钟。

当时日本海军有个大胆的计划，就是轰炸巴拿马运河，切断大西洋和太平洋的航线，使美国在大西洋的兵力无法返回到太平洋，同时美国提供给英国的装备和物资也无法运到大西洋。这对日本在亚洲战场以及德国在欧洲战场的局面，都会有很大的帮助，是日本打败美国的所谓最佳方案，而日本打算使用的执行这一计划的武器就是"伊—400"级潜水航母。为此，日本在 1942 年就加紧了建造"伊—400"级潜水航母，日本人打算建造 18 艘"伊—400"级潜水航母，使用其运送一支飞机编队，直抵巴拿马运河附近，空袭运河的闸门，使闸门在 3 个月内无法修复。到 1943 年，日本已经建造好了 6 艘"伊—400"级潜水航母，并且还在日夜不停地赶制另外 12 艘。

可是人算不如天算，就在日本紧张建造时，战局却朝着对日本越来越不利的方向迅速发展着。在中途岛海战中，日本将近半数的航空母舰被消灭了，使得日本海军的战斗力锐减。此后，日本又接连不断地遭受美国的打击，已经完全失去了进攻作战的能力。随后，美国又对日本本土进行了大规模轰炸，日本的造船厂和油库遭受了毁灭性的破坏。在此局面下，日本军方才不得不放弃了空袭巴拿马运河的计划。

很多军事专家都认为，如果日本的研制能再快一步，在1943年就对巴拿马运河进行空袭的话，那么，太平洋战场的局面就会完全改变。反法西斯战争胜利的时间也许要推迟几年，并且会牺牲更多的人。

"伊—400"级潜艇是第二次世界大战期间唯一参加过实战的"潜水航母"，自然也引起了美军的兴趣。战后，"伊—400"号和"伊—401"号潜艇被运往美国进行分析研究，后与"伊—402"号潜艇一起于1946年被拆毁。

那么，今天究竟如何看待这史上唯一的"潜水航母"呢？首先，以第二次世界大战期间的潜艇建造情况来看，建造水下满载排水量超过6 500吨的大型潜艇所耗物资与人力已经相当可观，但潜艇上的最强武器也仅有3架水上飞机，虽被称为"潜水航母"，机动作战能力其实极其有限，战斗力甚至不及轻型护航航空母舰。且以仅有的3架水上飞机，若想突破当时占据完全优势的盟军雷达与防空力量，无疑是以卵击石。其次，潜艇本身的设计还有很大缺陷，潜艇水下航行性能不理想，机库的防弹能力弱，在面对深水炸弹攻击时恐怕难以承受。

以"伊—400"的设计思想来看，除执行远距离侦察任务外，战略攻击更是该级艇被日本海军寄予厚望的"杀手锏"。从日本海军第一潜艇支队组建以后，日本海军司令部为其下达的一个任务就是执行绝密的"PX 计划"，该计划准备用所属潜艇飞机对美国西海岸和太平洋岛屿实施细菌战。这个罪恶的计划最终于 1945 年 3 月被取消。日军官方说法是担心"对美国的细菌战将把战争引向对人类的毁灭"，但真正的原因是日军当时根本无法保证细菌武器在远距离航行中的安全和避免潜艇人员遭到感染，所以这个计划根本不现实。

日本潜水航母的舰载机起飞

如今，现代巨型核潜艇的进步，为潜水航母的研制和发展提供了宝贵的经验。今天，不论是核潜艇还是常规潜艇，单艇大型化的趋势日益明显。仅就弹道导弹核潜艇而言，目前的单艇吨位已比 20世纪 70 年代增加了两倍。苏联的"台风"级弹道导弹核潜艇排水量为 2.65 万吨，美国的"俄亥俄"级、法国的"凯旋"级、英国的"前卫"级等弹道导弹核潜艇排水量也达 1.5 万吨以上，已接近现役的轻型航母。可以说，潜水航母的建造在技术上与以往相比已不可同日而语。目前，英国、美国等均对潜水航母的可行性做了大量论证和一些关键性试验。为了适应水下航行时的需要和搭载飞机的要求，未来的潜水航母排水量大约在一万吨左右，舰载机主要为垂直/短距起降飞机，数量约在30架左右。英国的"天钩"系统是较理想的用于潜水航母的特殊起重机，它具有捕捉、锁紧、释放飞机等多种功能。美国在进行潜水航母的应用研究中，搭载了6架"海鹞"垂直/短距起降战斗机和两架直升机，同时还装载了一支能实施两栖作战的特种部队。总之，由于潜水航母既像航母那样可搭载飞机，且攻击能力强，又具有核潜艇灵活隐蔽的优点，所以被各国军界普遍看好。

09 德国航母"格拉夫·齐柏林"失踪之谜

◇ ·············

在历史记录上，纳粹德国在第二次世界大战中从未使用过航空母舰，但又有人说德国曾经建造过一艘名为"格拉夫·齐柏林"号的航空母舰。那么这个庞然大物在哪里呢？

2008年7月12日，一艘隶属于波兰石油的船只在韦巴港附近海底深处，发现了一艘长265米的沉船，正好与失踪的"格拉夫·齐柏林"号的船长相符。7月26日，波兰海军调查船"阿克托夫斯基"号对沉船进行穿凿调查以确定其身份，并在隔日由波兰海军宣布，沉没在海底87米的沉船，正是行踪成谜多年的第二次世界大战期间纳粹德国风光一时的航空母舰"格拉夫·齐柏林"号。

第二次世界大战前夕，纳粹德国鉴于主要海军强国都在大力发展航空母舰，而德国自己的水面舰艇却相对比较薄弱，深切感受到了发展航空母舰的迫切性。纳粹德国终于耐不住寂寞，于是决定建造第一艘航空母舰，该舰1935年正式开工建造，1938年12月8日下水，被命名为"格拉夫·齐柏林"号。1936年，它的姊妹舰"彼得·施特拉塞尔"号航空母舰也列入了建造计划，德国海军对这两艘航空母舰寄予了厚望。

德国"格拉夫·齐柏林"号航空母舰

最初，由于缺乏设计航空母舰的经验，"格拉夫·齐柏林"号曾参考了当时日本"赤城"号航空母舰的设计风格，并结合本国实际情况做了某些改进。由于是以强大的英国海军为假想敌，因此"格拉夫·齐柏林"号航母设计上十分强调武器和装甲防护，舰身装甲厚度达到 60 毫米，舰桥岛式建筑装甲最厚处达 150 毫米。"格拉夫·齐柏林"号航母标准排水量 24 500 吨，满载排水量 31 367 吨。舰长 262.5 米，宽 240 米，吃水 31.5 米。续航能力 14 816 千米。为了在海战中对付可能逼近的敌舰，德国人加强了"格拉夫·齐柏林"号航母的作战能力，特别为它安装了 8 座双联装 150 毫米主炮，使得这级航母的火力与英国和美国的轻巡洋舰相当，这在航空母舰设计上是没有先例的。"格拉夫·齐柏林"号航母的防空武器包括 6 座双联装 105 毫米高炮、11 座双联装 37 毫米高炮、28 门 20 毫米机关炮，构成高、中、低空防御火网。"格拉夫·齐柏林"号航母总共装有 12 台锅炉，最高航速 63 千米/小时，主要是考虑躲避英国海军的围堵。

"格拉夫·齐柏林"号航空母舰的舰载机采用的是经德国空军改装后的陆上飞机，其中包括 ME—109T 型战斗机 12 架、JU—87C 俯冲轰炸机 30 架，合计 42 架，舰员编制 1 760 人。由于海军和空军之间对飞机所有权的问题一直争论不休，"格拉夫·齐柏林"号航空母舰的建造计划不断被推迟，而随后爆发的第二次世界大战使得该舰最终于 1940 年 5 月被停止建造，当时工程进度已完成 85%。停工原因主要是纳粹德国物资奇缺，于是将海军的大部分资金用于发展潜艇，结果使得"格拉夫·齐柏林"号航母最终没能竣工服役。

来自德国空军方面的压力也是"格拉夫·齐柏林"号航空母舰不能如期竣工的主要原因。1942 年，德国海军曾把两艘大型邮船"欧罗巴"号和"波茨坦"号改装成辅助航空母舰，但是因为得不到合适的舰载飞机而前功尽弃。在海军和空军的权力之争方面，希特勒向来是站在赫尔曼·戈林一边，德国海军司令雷德尔以及他的继任者邓尼茨自然不是空军首脑戈林的对手，连航空母舰上装备哪种舰载机都迟迟确定不了，海军组建海军航空兵的努力也多次失败。在这种情况下，德国海军连自己的岸基航空兵也没有，更谈不上拥有航空母舰了。

1945 年 4 月 25 日，苏联红军逼近"格拉夫·齐柏林"号航空母舰停泊的波罗的海斯德丁军港，为了避免这艘航母不幸落入苏军之手，德国人选择了让它自沉。战争结束后，苏联捞起了"格拉夫·齐柏林"号航母的舰体，准备拖往苏联进行研究，不料却在途中触雷沉没。1947 年 8 月，苏联人再次把这艘航母打捞起来，拖往列宁格勒。后来，苏联军队将"格拉夫·齐柏林"号航母修复，进行俯冲轰炸机目标轰炸训练，为应对美国航母的可能袭击做准备。但是之后"格拉夫·齐柏林"号航空母舰再度沉没，一直下落不明，直到 2008 年被波兰的潜水员意外发现。

10 倒霉的"奥里斯卡尼"号航母

◇ ⋯⋯⋯⋯⋯⋯

"奥里斯卡尼"号航空母舰为美国"埃塞克斯"级航空母舰的17号舰，在非官方上亦是长舰体"埃塞克斯"级的7号舰。

"奥里斯卡尼"号航母根据美国独立战争时期的"奥里斯卡尼"战役命名，全长270米，满载排水量为36 380吨，航速可达61千米/小时，配备有当时最新型的武器装备。1944年建造完成，1950年正式投入使用，编号为CV—34，可携带91架飞机和2 631名海军官兵。

1952年7月21日，"奥里斯卡尼"号被编入太平洋舰队，进驻美国西海岸圣迭戈基地。10月19日，该航母驶抵日本横须贺基地。

10月31日，它加入在朝鲜半岛沿海地区活动的航母第77特混编队，开始海上作战。"奥里斯卡尼"号航母自投入战场以来，不时地起飞作战飞机，疯狂轰炸中朝军队后勤补给线，并轰炸沿海地区其他目标，共投放了4 600吨炸弹。11月18日，该航母首次出动F—9F式战斗机，与7架"米格—15"战斗机进行空战。

1953年4月22日，"奥里斯卡尼"号航母驶离朝鲜半岛沿海，于5月18日返回圣迭戈基地。在离开朝鲜半岛沿海之前的一次空战中，一名飞行员驾驶作战飞机返航降落时由于粗心大意，误把一枚炸弹投掷下去，正好炸中自己的航母。炸弹在飞行甲板滚跃数次后，在舰艉升降台爆炸，当时，甲板上的舰员们正高兴地等待战机降落，没料到祸从天降。结果，2人被炸死，13人被炸伤。后来，"奥里斯卡尼"号航母经过海上抢修后恢复作战。1953年7月27日，朝鲜战争结束。9月14日，该航母离开圣迭戈，前往西太平洋地区，协助美国海军第七舰队监督朝鲜半岛停火，先后活动于日本海和中国东海等海域。1954年4月22日，该航母再次返回圣迭戈。

朝鲜战争结束后，"奥里斯卡尼"号航母继续成为美国在太平洋地区的海上先锋，经常出没于西太平洋地区。在越南战争中，"奥里斯卡尼"号的飞行员创下了单艘航母战斗出动次数最多的纪录，并参加越战中许多最重要的空袭行动，许多飞行员再也没有回来。在1965年3月2日到1968年11月1日的"滚雷"战役中，"奥里斯卡尼"号航母被击落过60架飞机，38名飞行员死亡。其中，在1967年，航母作战飞行中队的飞行员损失竟达1/3。1976年，"奥里斯卡尼"号航母不光彩地退役。

在越战期间，该航母突然发生大火，差点毁了整个航母。那是1966年10月26日早上，配备了数十架飞机，包括F—18F战斗机、A—1、A—3、A—4F攻击机及空中预警机等作战飞机的"奥里斯卡尼"号正在越南北部海域秘密活动。

这时，舰上的两名水兵在武器库传递武器时，意外点燃了一支镁质空投照明弹，在慌张之下将其丢进位于右舷前方的武器库（正确程序应为丢出舰外）。照明弹随即点燃了库内另外700多枚的同型照明弹，引发大火。

仅在数分钟后，武器库发生猛烈爆炸，火势迅速蔓延至整个前部机库，曾一度危及液态氧储存库；而浓烟则布满附近所有人员通道，使几百人在舱房被困，甚至窒息。

"奥里斯卡尼"号航母立刻终止飞行作业，并总动员灭火。舰上的自动灭火系统即时启动；而水兵则从舰艇调动更多灭火器；又将机库的炸弹等易燃易爆物品推入大海。不过，由于镁的燃点仅在30～40℃之间，并且可在水中燃烧，使灭火极为困难。

不久，大火及高温开始点燃防空炮的弹药，以及部分武器库的炸弹，引发连串爆炸；而灭火用水又向下层甲板流动，使多条通道水浸及停电，令更多人员被困。紧接着，该航母上爆炸声迭起，大火更加猛烈，剧毒的浓烟通过通风系统向航空母舰的其他部位迅速蔓延。

甲板上的许多舰员来不及逃命，或被炸死，或被烧死。正在甲板下面的一些飞行员，发现烈火附近存放着的重型炸弹随时可能爆炸，急忙搬运。还有一些飞行员看到机库众多作战飞机受到威胁，也试图转移。舰上水兵在浓烟、高热及炸弹爆炸的弹片横飞的机库继续灭火，又逐一搜索前部各层甲板的舱房，并将伤兵抬到飞行甲板，由直升机转移到"星座"号航空母舰上治疗。

在舰上人员的奋斗下，大火在燃烧三小时后被扑灭。这次意外共造成44人死亡、38人受伤，死亡人员中有24人为飞行员。在44名死者中，许多是老飞行员。其中一些飞行员几个小时前刚刚对越南战场目标进行了空袭。

大火虽然被扑灭了，但航母模样却已惨不忍睹。正在附近海域活动的另外两艘美海军航母"星座"号和"罗斯福"号，急忙派出舰上直升飞机运送医疗人员赶赴"奥里斯卡尼"号航母救治伤员。遭遇这次大火之后的"奥里斯卡尼"号航母再也无法作战，不得不驶往菲律宾苏比克海军基地。10月28日，受伤人员被飞机运往美国本土救治。一周后，"奥里斯卡尼"号航母不得不返回圣迭戈军港维修。这次火灾使"奥里斯卡尼"号航空母舰损失惨重，维修一直进行到次年3月23日，实施了半年才完成，直接经济损失高达数千万美元。

这次大火暴露了美军航空母舰执勤的多项问题：按照指引，水兵在搬运武器时，应有高级士官从旁监督；但由于航空母舰执勤人手严重短缺，使两名水兵一直无人监管；同时，航空母舰每日的攻击任务甚重，使舰体携带的弹药远超设计标准，飞行员在横越通道时甚至要跨过多枚炸弹，一旦发生火灾，便一发不可收拾；最后，舰长约翰·亚罗比诺上校的后续调查发现，镁质照明弹的设计本身存有缺陷，曾多次在航空母舰意外起火，只因意外全部发生在飞行甲板，才未引起关注。

军事法庭起初并未调查起火原因，便草率控告两名水兵 44 项谋杀罪，后来又将责任推到舰长亚罗比诺及数名士官身上。最终所有指控虽均未成立，而舰长亚罗比诺也仅受到无惩罚性的警告，却自此受到排挤，一直无法晋升少将，直到退役。事后，海军下令重新设计照明弹，并将所有旧款照明弹销毁。

2006 年，在美国彭萨科拉海滩约 39 千米外的墨西哥湾水域，锈迹斑斑的美国"奥里斯卡尼"号航空母舰的舱底传出爆炸闷响，22 个定时高爆塑胶炸药爆炸了，航母上空腾起巨大的棕灰色的云团。慢慢地，船尾没入水面，舰首高高翘起，航母的周围不时泛起阵阵水花。随着时间的推移，它越来越快地向海底沉去，四周的海水翻腾着，如开锅一般，这艘久经战场的航空母舰沉入墨西哥湾 66 米深的海底。从此，它将躺在墨西哥湾底，成为世界上最大的人造暗礁。这个朝鲜和越南战争中的"杀手"，今后将变成海洋生物乐园，并为当地带来大笔旅游收入。

为了确保"奥里斯卡尼"号航母不污染海洋环境，美国人这么多年来一直在清除船上的有毒物质。2006 年 2 月，美国环保署批准航母沉海计划，环保署的官员认为，尽管航母上仍会有毒性物质缓慢渗出，但这个过程长达 100 年，不会对海洋生物造成威胁，恰恰相反，海底探险人员说，这艘船的残骸会成为"水下的珠穆朗玛峰"，成为鱼类和水下植物繁衍生息的避风港。船上的桅杆和其他突出部分已经被去掉，以免挂住渔网。船内部的一些空间也焊死了，避免潜水者被困在里面。

　　美国佛罗里达州政府希望，这座世界上最大的人造暗礁能吸引潜水爱好者和钓鱼迷。2004 年佛罗里达州立大学的一份研究报告估计，这个新的人造暗礁能给当地政府带来每年 9 200 万美元的收入。这是美国海军处置旧军舰的首次尝试，如果这次实验的效果真像计划的那样，那么海军以后就能省下一大笔拆船费用，大量的美国海军退役军舰也会陆续沉放海底。

11　　　　　　　　　　凤凰涅槃

◇ ⋯⋯⋯⋯⋯

　　海军在美国是一个有着崇尚荣誉的军种。它会把承载着光荣与梦想的舰船名称一代代传承下去，让它们不断地获得新生。所以，美国一些著名军舰都是从烈火中涅槃的凤凰，它们的名称都是代代相传。比如"列克星敦"号、"企业"号、"大黄蜂"号等。

　　第一艘"列克星敦"号于 1776 年 3 月服役，是一艘全长 26.2 米、装有 16 门炮的方帆双桅船。为同英国进行贸易争夺，在英吉利海峡和法国沿海屡经战火，共缴获舰船 18 艘。1777 年 9 月 19 日，在海战中被英国海军俘获。

　　第二艘"列克星敦"号是一艘排水量为 691 吨、装有 18 门炮的轻巡洋舰，于 1826 年 6 月 11 日服役，参加过墨西哥战争并远征日本，1855 年退役。

第四艘"列克星敦"号（CV—2）是一艘航空母舰。于 1927 年 12 月 14 日服役，满载排水量为 50 000 吨，飞行甲板全长 274 米。1942 年 5 月 8 日在太平洋战争的珊瑚海大海战中，被日本海军击沉。

当时，美国海军第 11、第 17 特混舰队与日本联合舰队在珊瑚海海域，开始了人类历史上第一次航空母舰战斗群大决斗。"列克星敦"号航母与"约克城"号航母先声夺人，联手击沉日本的"祥凤"号轻型航母。但日本联合舰队第 5 航空队随后展开了疯狂的反扑，"列克星敦"号航母至少中了 2 枚鱼雷和 3 枚炸弹。舰上大火冲天，英勇的水兵们虽然一度控制了火势，但舱内的燃油蒸气还是引发了大爆炸。随着夜幕降临，"列克星敦"号航空母舰伴着阵阵的爆炸声长眠在了黑漆漆的海水中。

第五艘"列克星敦"号也是一艘航空母舰。当第四艘"列克星敦"号被击沉的消息传到马萨诸塞州昆西市的霍河造船厂时，工人们立即请求当时的美国海军部长弗兰克·诺克斯，要求把它们正在建造的航空母舰命名为"列克星敦"号，海军部长立即同意了这个请求。这艘新的"列克星敦"号（CV—16）于 1943 年 2 月 17 日开始服役。太平洋战争的每场大战中都几乎留下了"列克星敦"号的名字。它是当时唯一一艘没有伪装的航母，一直保留着原来的蓝灰色。日本人至少 4 次报道该舰已被击沉，结果却发现它那蓝灰色的身躯总是在战斗中出现。因此人们给它起了一个绰号"打不沉的蓝鬼"。

在太平洋战争中，被荣幸地称为"大 E"（Big E）的"企业"号九死一生，获得了 20 枚"战役之星"奖章，并成为第一艘荣获总统集体嘉奖的航母，也是美国第二次世界大战中唯一一艘同时荣获总统集体嘉奖和海军集体表彰的航母。在"企业"号光辉的一生中，共航行 442 475 千米，击沉敌舰 71 艘，击伤 192 艘，击落敌机 911 架，在美国海军中没有任何一艘军舰能与之相比，"企业"号象征着美国海军的战斗精神。1995 年 5 月 15 日，美国国防部向"企业"号等追赠第 16 特遣舰队嘉奖，以表扬舰队空袭东京。

"企业"号也是一只火凤凰，在美国历史上共有 8 艘以"企业"号命名的美国海军军舰。实际上，"企业"号翻译为"进取""奋进"会更好一些，但因为种种历史原因，国内军事资料都译为"企业"号，所以沿用至今。

美国海军第一艘"企业"号是一艘单桅纵帆船。第二艘"企业"号是一艘多桅纵帆船。

第三艘和第四艘以"企业"号命名的船也是多桅纵帆船。第五艘以"企业"号命名的船是一艘螺旋桨动力帆船。第六艘以"企业"号命名的船是一艘汽艇。

第七艘"企业"号是绰号"大企"的"企业"号（CV—6）常规动力航母。"大企"是个幸运儿。它几乎参加了太平洋的所有重要战役，经历了与日军的惨烈搏杀，终于带着 20 枚"战役之星"勋章迎来战争的胜利。它英勇顽强的战斗精神和卓著的战功成为美国海军将"企业"号这一名称延续下去的原因所在。

下面我们看一下"大企"在第二次世界大战中的功劳:"大企"于1939年4月加入太平洋舰队。1941年珍珠港事件发生时,该舰因执行向威克岛运输飞机的任务,并在返航途中遭遇恶劣天气,推迟返回珍珠港而侥幸逃过一劫。此后,"企业"号参加了太平洋战争中的大部分海战,成为美国海军功勋卓著的传奇军舰,立下诸多汗马功劳。

1942年2月1日,在增援萨摩亚返航途中,"大企"对马绍尔群岛中防御最坚固的罗伊岛、夸贾林环礁、沃特吉环礁和马洛埃拉普环礁上的日军基地进行了空袭,击沉日军小型舰艇4艘,击毁飞机18架,连八代佑吉少将也被炸死,这是美军自太平洋战争开始以来第一次有组织的反攻,"企业"号由此享有反击前锋的美誉,而总指挥哈尔西也成为美国公众心目中的英雄人物。

1942年4月8日,"企业"号离开珍珠港前往阿留申群岛,在那里与"大黄蜂"号航母编队汇合后,掩护"大黄蜂"号执行轰炸日本本土的任务。

1942年6月中途岛海战,"企业"号与同级"大黄蜂"号、"约克城"号埋伏在中途岛东北海域,一举击沉日本海军机动部队的4艘航空母舰,其中,"赤城"号、"加贺"号以及"飞龙"号是"企业"号的战果。

1942年8月,美国海军与日本联合舰队在西南太平洋海域开始了争夺瓜达尔卡纳尔岛控制权的鏖战。8月24日,"企业"号被"翔鹤"号上的18架舰载机突破空中防御圈,共命中250千克穿甲弹3枚。空袭过后,"企业"号燃起大火,飞行甲板严重受损,77

人阵亡，91 人受伤。但是，日本人好不容易取得的战果居然在很短时间内就被"企业"号上损管队的努力抵消了，受损 1 小时后，"企业"号恢复到 44 千米/小时航速，还重新开始了回收舰载机的作业。在此次作战中，"企业"号所在的编队击沉日本轻型航母"龙骧"，重创水上飞机母舰"千岁"号，击落日机 75 架。

第二次世界大战时期的美国"企业"号航母

1942 年 10 月 26 日，在空前激烈的美日圣克鲁斯海战中，"企业"号再次被命中 6 枚 250 千克炸弹，但侥幸躲过了所有鱼雷。在此战中，"企业"号受重创，损失飞机 81 架，阵亡 44 人，75 人受伤；同时击落、击毁日机 92 架，重创日本"翔鹤"号、"瑞鹤"号两艘航母。1943 年 5 月 26 日，"企业"号返回珍珠港，接受尼米兹海军上将代表罗斯福总统颁发的总统集体嘉奖，在所有参加第二次世界大战的美国海军舰艇中，"企业"号是第一艘获此殊荣的航空母舰，也是唯一一艘。

1944 年 1 月 6 日，完成改装的"企业"号与其他 5 艘大型航母组成特混编队，参加马绍尔群岛作战。此役共击沉舰艇 9 艘，击毁飞机 270 架。其中 1/3 的战果由"企业"号取得。1944 年 10 月 25 日，"企业"号舰载机协助友舰击沉超级战列舰"武藏"号、航母"瑞鹤"、"瑞凤"和"千岁"号。此役中，"企业"号是少数几艘对栗田、小泽、西村舰队均实施攻击的美国航母。

1945 年 3、4 月，"企业"号参与了压制日本九州地区岸基航空兵和击沉超级战列舰"大和"号的作战行动。1945 年 5 月 14 日，"企业"号被日军神风飞机击中，前升降机全毁，于两天后退出了战斗返回美国大修。在修理期间，日本宣布投降。从 1946 年 1 月 18 日起，"企业"号停泊在新泽西州的贝永，从此未再出海。

"企业"号航母 1947 年 2 月 17 日退役，转入大西洋预备舰队。1951 年，"企业"号航母被重编为攻击航母，舷号改为 CVA—6，1953 年，"企业"号航母被重编为反潜航母，舷号改为 CVS—6。1956 年 10 月 2 日，海军将"企业"号航母从舰艇名册中除籍，并于 1958 年 7 月 1 日以 561 333 美元的价格出售解体。

1961 年，美国海军第一艘核动力航空母舰下水，被命名为

"企业"号（CVN—65），成为美国海军中第 8 艘以"企业"号命名的船只。"企业"号核动力航母的设计服役年限为 25 年，经过多次升级改装，服役年限已经超过一倍以上。2012 年 12 月 1 日，"企业"号航空母舰（CVN—65）在美国弗吉尼亚州的诺福克军港举行退役典礼，她 51 年的传奇军旅生涯临近终点。在持续 4 天的纪念活动中，上万名美军退役和现役官兵、海军造船厂员工以及他们的亲友，登上这艘巨无霸战舰，向她做最后的告别。

美国"企业"号核动力航母举行退役典礼

美国正在建造的新一代核动力航空母舰为"福特"级，其中第一艘命名为"福特"号的航空母舰预计于 2015 年交付使用。等到"福特"号航母服役，美国海军的海外部署能力将恢复到 11 艘航空母舰的水平。在"企业"号航空母舰退役仪式上，海军部长雷·麦伯斯在讲话中宣布，将把第三艘"福特"级核动力航空母舰（CVN—80）命名为"企业"号，从而将美国海军这个悠久的舰名传统继承下去。在仪式上，两名美军士兵将"企业"号航母的"时间囊"交给海军作战部长乔纳森·格林纳特海军上将，那里面保存着美国海军历代8艘"企业"号战舰的纪念物品，包括水手的日记、肩章和小片舰体等，留待CVN—80服役时，交给未来"企业"号航空母舰上的官兵。

编号CV—8的"大黄蜂"号航母和"企业"号航母一样，也有着悠久的家族传承。第二次世界大战中的"大黄蜂"号航母同样是第七代以该名字命名的海军舰只，是当时美国最大、最新的航空母舰。它执行过的最神秘、影响最大的任务就是空袭东京。

1942年4月18日清晨，日本本土第一次尝到了被轰炸的滋味。美国空军杜立特中校率领16架B—25轰炸机，将炸弹扔到了东京和附近的城市。睡梦中的日本人被吓醒了。他们不知道飞机来自何方，也不知道它们会不会再来。面对日本人的惊慌，罗斯福总统开了个玩笑："飞机是从香格里拉起飞的！"这个"香格里拉"就是"大黄蜂"号航空母舰。然而，"香格里拉"并没有给"大黄蜂"号带来好运。1942年10月26日凌晨，瓜达尔卡纳尔岛附近的圣克鲁斯海域，美国海军的"大黄蜂"号和"企业"号航母与日本第五航空队的航母混战在一起。对胆敢空袭东京的"香格里拉"，日本人恨之入骨，他们置"企业"号不顾，集中全部飞机突击"大黄蜂"号航母。无数的炸弹和鱼雷在"大黄蜂"号周围爆炸。突然，一架燃烧的日本飞机冲了过来，机头一压直接撞在舰上！此时的"大黄蜂"号航母已经伤痕累累，舰体倾斜14度，失去了前进的动力。"大黄蜂"号的舰长梅森被迫下令弃舰。护卫的两艘美军驱逐舰上的官兵含泪向"大黄蜂"号航母发射了9枚鱼雷和400多发炮弹后撤离。随后逼近的日军战列舰又向这艘奄奄一息的军舰发射了4枚鱼雷。第二天，服役只有一年时间的"大黄蜂"号航空母舰终于在太平洋的黎明即将来临之时消失在海面上。但它在美国海军最艰难的时刻表现出的非凡战斗精神却足以令美国人骄傲。最后一个离舰的舰长梅森坚信他的军舰会获得重生："我们会回来，新的'大黄蜂'号上见！"果然，这只火凤凰在第二年就获得了新生。编号CV—12的第4艘"埃斯克斯"级航母成为第8艘以"大黄蜂"号命名的舰只。

12　欺诈合同使"乌里扬诺夫斯克"号变废铁

◇ ⋯⋯⋯⋯⋯⋯

　　苏联解体后，苏联航母的发展命运坎坷，苏联海军的第四代巨型核动力航母"乌里扬诺夫斯克"号命运更加悲哀。它已经完成了建造的近30%的工作。"乌里扬诺夫斯克"号是"乌里扬诺夫斯克"级航空母舰的首舰，该舰起初名为"克里姆林"号，后来又被命名为"乌里扬诺夫斯克"号，源于俄罗斯城市乌里扬诺夫斯克，该城市名是为了纪念列宁（列宁本名为弗拉基米尔·伊里奇·乌里扬诺夫）。"乌里扬诺夫斯克"号于1988年11月25日在乌克兰黑海尼古拉耶夫造船厂开工，是当时苏联海军第一艘超级航空母舰，也是苏联第一代核动力航空母舰。

如果"乌里扬诺夫斯克"级航空母舰造出来，苏联将成为唯一能够与美国"尼米兹"级航母抗衡的国家。"苏—33"战斗机性能优于美国 F—14D 战斗机和 F/A—18C/D 战斗机。核动力和足够大的飞行甲板使得原先只能在北方海域活动的苏联航母可以驶向世界各大洋。

"乌里扬诺夫斯克"号航母的设计满载排水量 85 000 吨，舰长 331.9 米，宽 39.6 米，吃水 11 米，航速 56 千米/小时。动力装置采用核动力与常规动力混合推进的方式，压水堆总功率 176 520 千瓦。武器装备有 4 座 6 联装 SA—N—12 舰对空导弹发射装置，12 座 SS—N—19 远程反舰导弹垂直发射装置，2 座 RBU—6000 反潜火箭发射装置，1 座双联 SUW—N—1 反潜火箭发射装置，8 座 30 毫米 AK—630 自动防空速射炮。舰载机 80 架，包括"苏—33"舰载重型战斗机，"苏—25"舰载攻击机，"雅克—4E"预警机。载员 2 300 人。除在舰首安装滑跃式飞行甲板外，还计划安装两部燃气弹射装置。

尼古拉耶夫造船厂又称黑海造船厂，创建于沙俄时代的 1897 年，共生产过各类船只 1 000 余艘，包括航空母舰、驱逐舰、护卫舰等，是苏联时期技术最先进的船厂。然而，曾经一度强大的苏联解体，俄罗斯和乌克兰变成了两个国家，他们之间的争执，使得"乌里扬诺夫斯克"号航母躺在尼古拉耶夫造船厂零号船台上，只完工 30% 的一代巨舰的命运就成了一个最大的未知数。

"乌里扬诺夫斯克"号航母被分配给乌克兰，乌克兰由于穷困，无力再建造她，最终停工。美国人早已盯上了这艘超级航母，生怕被俄国人搞去，以后对自己的航母形成威胁。一家挪威的公司出场了，该公司说要造6艘大型商船。造这种商船，需要停泊"乌里扬诺夫斯克"号航母的0号船台。紧接着，美国的一家大型钢材公司的副总裁来到乌克兰的造船厂，说要收购这艘航母的钢材，收购价格是450美元/吨，这个价格高出平常价格很多，况且当时的航母已用掉了数万吨钢材。同时，美国人积极在乌克兰政府相关人士中活动，内外夹击。1992年初，乌克兰政府决定，为给建造出口船腾出0号船台，将"乌里扬诺夫斯克"号航母拆解为废钢铁。当航母拆得差不多的时候，美国那家钢铁公司的总裁来了，说得按照150美元/吨的价格收购，之前的副总裁不了解钢铁市场，原来签订的合同作废。没几天，挪威的公司说，原来要定购的6艘商船合同解除——当然解除这两份合同，美国钢铁公司和挪威公司只付出极小的违约代价。直到这时，乌克兰政府才恍然大悟，自己被美国人忽悠了，欺诈合同使"乌里扬诺夫斯克"号变成一堆废铁。就这样，美国人略施小计就彻底把潜在的海上对手化解于无形。甚至可以说，这就相当于把苏联海军几十年发展的积蓄，甚至整个航空母舰工业都给彻底铲除了。

"乌里扬诺夫斯克"号航母的拆解标志着苏联几十年的航母梦的破灭。尼古拉耶夫船厂厂长马卡罗夫这样哀叹：这不仅是一艘航母的终结，它更是苏联航母时代的终结，是工厂及全国为之奋斗了近35年伟大事业的终结，是伟大强国的骄傲与威严的终结。建有9艘航母的海上大国，如今只剩下"库兹涅佐夫"号孤独地守望着俄罗斯辽阔的海上疆域。

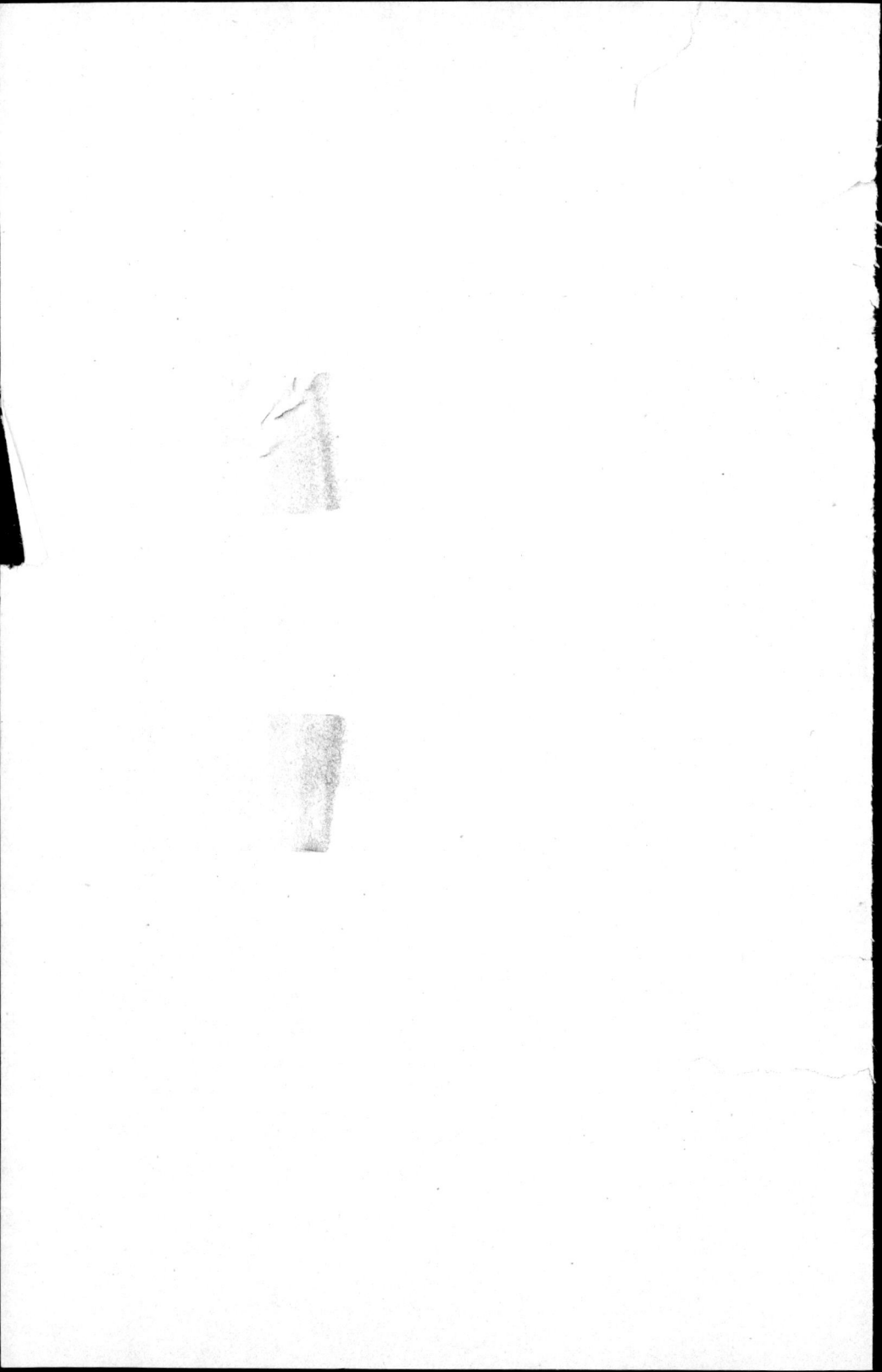